自然场景文本检测算法研究

赵雪专 李玲玲 刘粉林 罗向阳 著

人民邮电出版社
北京

图书在版编目（CIP）数据

自然场景文本检测算法研究 / 赵雪专等著. -- 北京：人民邮电出版社，2021.12
ISBN 978-7-115-58387-1

Ⅰ. ①自… Ⅱ. ①赵… Ⅲ. ①机器学习—研究 Ⅳ. ①TP181

中国版本图书馆CIP数据核字(2021)第277131号

内 容 提 要

以深度学习为基础的文本检测模型有基于回归的模型和基于分割的模型，目前这两种模型的应用效果各有优劣。为解决回归模型对训练数据的依赖，以及分割模型受目标尺寸影响的问题，本书提出了两种新的模型，即 TSFnet 和 Mnet。全书分为 5 章，概述了自然场景下文本检测的研究现状，陈述了相关算法的问题、数据集与存在的挑战，并通过实验对基于融合网络的 TSFnet 模型及结合区域建议网络与注意力网络的 Mnet 模型进行了详细的介绍，最后对相关的应用进行了简介。

本书结构清晰，文字流畅，图文并茂，适合从事场景文本检测与识别研究的相关读者阅读，也适合作为高校相关专业学生的参考书。

◆ 著　　　赵雪专　李玲玲　刘粉林　罗向阳
责任编辑　贾鸿飞
责任印制　王　郁　胡　南

◆ 人民邮电出版社出版发行　　北京市丰台区成寿寺路 11 号
邮编　100164　　电子邮件　315@ptpress.com.cn
网址　https://www.ptpress.com.cn
涿州市京南印刷厂印刷

◆ 开本：880×1230　1/32
印张：5.5　　　　2021 年 12 月第 1 版
字数：121 千字　　　　2021 年 12 月河北第 1 次印刷

定价：69.90 元

读者服务热线：(010)81055410　印装质量热线：(010)81055316
反盗版热线：(010)81055315
广告经营许可证：京东市监广登字 20170147 号

作者简介

赵雪专，讲师，博士，主要研究方向为机器学习与模式识别，研究成果主要应用于计算机视觉领域。近年来，主持或参与多项国家级和省部级科研项目，发表相关学术论文20余篇；申请专利24项，其中授权13项；登记软件著作权4项。主持完成多项横向项目，如探地雷达精确定位系统、视频摘要系统、智能视频监控系统、DSP无线车型识别系统、疲劳检测系统等。

李玲玲，教授，博士后，郑州航空工业管理学院智能工程学院院长，多模信息感知河南省工程实验室主任、河南省航空物流大数据工程研究中心主任。研究方向为计算机视觉。教育部新世纪优秀人才，河南省创新人才杰出青年，河南省学术技术带头人，河南省"创新型科技团队"带头人、河南省高校科技创新团队带头人、郑州市科技创新团队带头人，河南省高等学校青年骨干教师，河南省教育厅学术带头人，河南省计算机教育学会常务理事；国家自然科学基金评审专家，《通信学报》《中国图像图形学报》《武汉大学学报》等评审专家。主持国家自然科学基金面上项目、教育部新世纪优秀人才支持计划、河南省科技创新杰出青年基金、航空科学基金、河南省科技攻关项目等科研项目16项；完成省级项目鉴定9项；出版科研著作5部；先后获得河南省科学技术进步三等奖等奖项15项。

刘粉林，教授，博士生导师，信息工程大学网络空间安全学科带头人，全军优秀教师，军队院校育才金奖获得者。长期从事网络与信息安全方向研究。先后主持国家自然科学基金重点项目、面上项目，国家重点研发计划，国家“863”计划等科研项目20余项；在IEEE JSAC、IEEE TIFS、《中国科学：信息科学》等权威期刊和会议上发表论文180余篇，被SCI检索60余篇；获军队、河南省科技进步二等奖3项，军队教学成果二等奖1项。

罗向阳，信息工程大学教授、博士生导师，河南省网络空间态势感知重点实验室主任，国防科技卓越青年基金获得者，先后入选河南省科技创新杰出青年和杰出人才、中原科技创新领军人才，2020年Elsevier中国高被引学者。先后主持国家自然科学基金5项，国家863项目30余项，在IEEE JSAC、TIFS、TDSC、TII、TMM、TCSVT、TCC、TCSS、ACM TIOT、ACM TIOS、ACM TOMM、IEEE/ACM TNET、《中国科学》《计算机学报》《软件学报》《计算机研究与发展》和IJCAI、WWW、INFOCOM、ACM MM、IH、IH&MMSec等国内外重要学术期刊/会议发表论文200余篇，其中被SCI检索120余篇，5篇论文入选ESI高被引论文。出版专著1部，获发明专利授权30余项。先后获全国百篇优博提名奖和全军优秀博士学位论文奖，获教育部技术发明一等奖和中国电子学会技术发明一等奖各1项、军队和河南省科技进步二等奖4项，军队教学成果二等奖1项。

FOREWORD 前言

自然场景下文本检测任务的目标是实现对自然场景下文本区域的精确定位。自然场景下文本检测在场景理解及其相关应用中发挥着重要作用，例如可以实现对视力受损者的帮助，车牌识别，表格、街道标志、地图或图表的物品的评估，基于关键词的图像检索，文献检索，工业自动化中零件的识别，基于内容的抽取，目标识别，基于文本的视频索引等。本书介绍的研究利用人工智能的优势，采用深度神经网络方法，从自然图像中检测文本，用于对文本的识别。

在本书中，我们对自然场景下文本检测和识别方法的研究现状进行了深入的回顾，由于自然场景图像中包含的文本通常在布局、字体、大小等方面有所不同，定位和识别过程不可避免地会出现由于光照不均匀、部分被遮挡、图像失真、方向随机、对象变形、噪声干扰或背景杂乱而导致的假阳性检测。上述限制使文本提取成为一个比打印文档上的光学字符识别更具有挑战性的研究问题。

早期的文本检测模型大多是基于传统的图像算法的。深度学习出现后，大多数场景文本检测模型以深度神经网络为基础，通过目标检测的策略预测文本区域。以深度学习为基础的文本检测模型可以分为两类：基于回归的模型和基于分割的模型。基于回归的模型通过卷积操作提取特征，再通过高维度的特征信息预测相关区域的坐标获取场景文本的位置。此类模型对于尺寸变化较大的目标有较好的检测效果，但它的性能受训练数据的分布影响较明显。训练数据分布的不平衡会导致此类算法的鲁棒性差。基于分割的模型将文本定位任务视为实例分割任务。此类模型直接通过全卷积操作实现对输入图像像素级别的分类。自然场景下目标的尺寸是影响算法鲁棒性的关键因素之一，而训练样本的质量直接影响模型的精度。

为了解决上述问题，本书提出了两种基于深度学习的文本检测模型，简介如下。

一种是检测和判别相融合的新型文本检测模型TSFnet。TSFnet有三个创新点。第一，在检测流中，将基于回归的模型和基于分割的模型相结合，然后结合区域建议网络实现对文本区域的高精度预测。第二，提出了损失平衡因子（Loss Balance Factor，LBF）来支持检测流的优化。损失平衡因子由判别流计算得到，判别流由全卷积网络组成。在判别流中，我们使用特征金字塔网络来提取判别图，同时计算损失平衡因子。第三，设计了一种新颖的算法来融合两个流的输出。TSFnet模型可以对检测流得到的检测结果进行筛选，并忽略置信度低的预测区域，同时保留置信度高的预测区域。

另一种是新的两阶段文本检测模型Mnet。此模型利用基于卷积的降采样技术生成候选区域，并使用基于多尺寸卷积核串联技术来构建新型区域建议网络，并筛选出候选区域。同时，将全卷积网络和降采样技术相结合来设计注意力网络，用于辅助模型检测复杂场景下的文本区域。最后，通过实验对比分析与测试，并在标准数据集ICDAR 2015和ICDAR 2013上，与目前的几种主流模型进行了实验测试结果对比，Mnet的F测度值分别达到了80.9%和82.5%，同时具有较高的准确率，并能够有效检测出复杂场景下的文本信息。这个结果进一步说明Mnet模型具有很好的有效性与可靠性。

本书是作者多年研究的积累，多个科研项目的支持使本研究能够顺利进行，在此对研究的支持方表示感谢，感谢国家自然基金项目（61806073、U1904119、31700858）、河南省高等学校重点科研项目（18A5200）、中国民航信息技术科研基地开放项目基金（CACA-RITB-2016）、河南省科技攻关计划项目（192102210097、192102210126、192102210269、182102210210、172102210171）的大力支持。

由于作者水平有限，加上成书仓促，书中难免存在不足和错误之处，恳请读者批评指正。

CONTENTS 目录

基于融合网络的TSFnet模型

结合区域建议网络与注意力网络的Mnet模型

场景文本检测与识别的应用

第1章 绪论

1.1 研究背景

人类学家约翰•古迪爵士将文本归类为“人类历史上最重要的技术发展”。尽管人类已经写作了近六千年，但直到20世纪，机器在阅读方面才取得了实质性的进步。在传统的光学字符识别（Optical Character Recognition，OCR）中，打印的手稿被扫描成图像并转换成机器可理解的文本格式。尽管相关研究已经取得了相当大的进步，但到目前为止，机器的阅读能力仍然无法与人类相媲美。

场景文本很重要。它作为语言的物理化身，是保存和交流信息的基本工具之一。当今世界的许多内容是通过使用标签或其他文本线索来解释的，所以文本发现已分散在许多图像和视频中。从自然场景中阅读文本信息，即场景文本提取，在场景理解及其相关应用中发挥着重要作用，如导航、地理定位、上下文检索、端到端机器翻译、视障寻路等。

在传统的做法中，文本提取主要关注文档图像，其中OCR技术非常适用于数字平面的、基于纸张的文档。然而，当这些文档OCR技术应用于自然场景中的图像时，就失效了，因为它们被调谐到打印文档的主要是黑白的、基于行的环境。在自然场景图像中出现的文本在外观和布局上变化很多，有大量不同的字体和风格，还受光线、遮挡物、方向、噪声等因素的影响。此外，背景对象的存在会导致假阳性检测。这是一个比文档OCR更具挑战性的问题。二者的样本如图1.1所示。

X. Zhao et al.

1. Introduction

In the past few years, scene text detection has attracted people's eyes and becomes a main research orientation in the computer vision circle. Its objective is to position where the text is in the image captured in the natural environment. It is widely applied in intelligent positioning,[22] image recognition, human–computer interaction and so on. Recently, scene text detection models are mostly based on deep learning models, which fall into three categories: regression-based models,[2,4,5,22] segmentation-based models[3,5,14,18] and two-stage detection models.[5,10,17,21,24]

Inspired by traditional target detection models, the majority of the early text detection models are regression-based models, which directly predict the coordinates of the relevant area to get the location of the scene text. This method is advantageous in terms of fast processing speed, and this model has strong robustness to multi-scale targets. However, its performance is easily affected by the distribution of training data and it is easy to ignore some difficult samples under interference from light and noise.

In the segmentation-based model, text location task is often considered as an instance segmentation task. This model usually classifies the input image at the pixel level on basis of the feature pyramid network,[11] and it is difficult to fit the large-scale changing target.

The two-stage detection model divides target detection task into two stages. In the first stage, candidate regions with possible targets are extracted according to the regression model, and then are subdivided in the second stage. This algorithm is difficult to be applied to small target detection.

This paper puts forward a new scene text detection framework, which covers three parts: Detection Stream, Judge Stream and Fusion Stream. This framework integrates the advantages of the above three models, and is supported by our proposed new concept and algorithms. Finally, the robustness problem resulted from sharp scale change and imbalanced class distribution is solved, which makes it feasible to apply the framework to text detection tasks in complex environments.

The main innovations of this paper are as follows. First, a new framework is proposed. Second, a new concept is proposed: loss balance factor (LBF), as a solution to the imbalance caused by sample training in scene text detection task. Third, a novel energy function is designed based on LBF. Fourth, a fusion algorithm is proposed to fuse the results of both streams. Finally, a new robustness model comes out.

2. Related Work

For the past few years, researchers in related fields have done a lot of research work. According to the relevance to this paper, this paper introduces some of the work from three aspects: regression-based model, segmentation-based model and two-stage detection model.

（a）扫描的书页

（b）自然场景中的样本

图1.1　OCR文档与场景文本的区别

从自然图像中定位和提取文本信息的思路和方法很多，一般而言可分为三类。

（1）文本检测方法。文本检测旨在从与文本对应的自然场景图像中生成候选文本区域。文本检测区分文本区域，并从图像中创建候选边界框。文本定位确定文本在图像中的位置，并在文本周围绘制边界框。文本识别从这些边界框区域提取文本信息。虽然边界框指定了文本在图像中的准确位置，但仍然需要从背景分割文本。该过程包括将图像转换为二值图像，并在将其输入OCR引擎之前对其进行增强。文本提取则是指从背景中分割文本区域。通常分割区域具有不同类型的噪声和低分辨率等干扰因素，因此需要进行多次增强操作。此外，由于受图像质量和背景噪声的影响，从图像中提取内容相当困难。此后，用OCR将提取的文本图像转换为纯文本。整个流程如图1.2所示。在场景文本图像中，通过改进文本检测方法，可以获得50%以上的文本识别率。因此，文本检测对于文本信息检索至关重要。

（2）文本识别方法。通过文本识别将检测到的文本区域转换为字符串。单词识别一直是文本识别的核心，因为单词识别在低层次特征和高层次语言先验方面具有良好的统计模型。

（3）端到端模型。在处理背景复杂的图像时，可以采用端到端模型进行识别，该技术由检测、定位和识别所有文本以及将图像中的文本转换为字符串的过程组成。通过使用简短的词汇表，单词识别为实现端到端识别提供了一种有效的方法。通过使用单词和字符示例将指定词典中的特定单词与其对应的图像块进行匹配。在开放

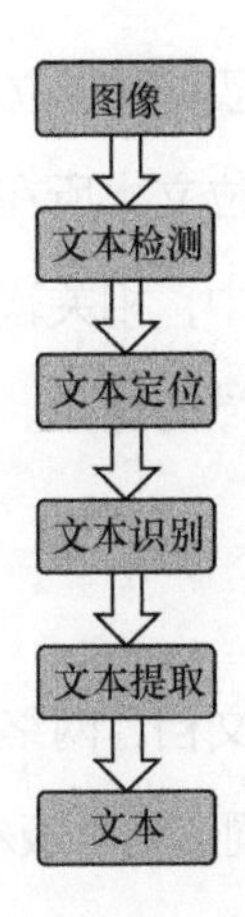

图1.2　文本检测和提取流程

词典的情况下，要检索的区域是相当大的，单词识别方法是不可行的。要解决这一问题，就必须有更强大的字符识别能力、大量的语言示例和高级的优化策略。

大多数现有的场景文本提取方法将文本实例视为对象的通用类别，同时丢弃上下文信息，并试图将文本实例编码为来自其他类别对象的可分离的特征标识，然后将场景中存在的所有文本实例分配给预定义的预测标签。这意味着文本与上下文和语义上的自我描述更相关。

场景文本检测是计算机视觉领域的重要研究方向之一。它的目标是在自然环境下捕获的图像中定位文本区域的位置。场景文本检测具有广泛的应用领域，例如智能定位、图像识别、人机交互等。例如，智能车在街道等区域运动的过程中，可借助文字检测系统捕获路牌上的信息并借助该信息实现定位；办公常用的各类OCR系统需要利用文本检测算法先定位文本所在区域才能实现对相关文本目标的识别；在实时翻译系统中，相关软件需要先定位具体的文本区域，然后实现对相关文本区域的翻译。文本检测算法拥有广泛的应用场景。

（1）文件处理：将扫描文档、网络图像、视频图像和数码照片中的不同类型文本转换为不同的电子版本，如文字处理文档。

（2）网页索引：大多数Web图像都嵌入了文本，增加了图像的语义内容值。此文本可用于索引图像，从而使网页索引更方便。

（3）视频图像的检索和索引：针对流式视频服务的快速增长，需要有效的结构来索引和提取文本上下文。

（4）自动阅读：帮助盲人或视力受损者阅读数字图像中包含的文本。

（5）屏幕截图OCR：现代文字处理软件提供了从文档各部分构建屏幕截图的替代方案。这种替代方法通常作为一种快速、简单的方法来发布文档的某些部分。

（6）对象/产品标识：获取有关产品或项目的附加信息。

此外，场景文本检测和识别技术可用于检测基于文本的地标、检测/识别车辆牌照和识别对象等。

1.2 问题与挑战

文本检测指在图像中查找文本。在未对文本的大小、方向或位置进行假设的情况下，对于任何图像，文本检测器必须返回图像中所有文本的所有边界框。在自然场景中，文本提取生成实用且有价值的信息，人脑和计算机都可以识别这些信息。文本检测与识别在计算机视觉领域中是一项研究非常活跃和富有挑战性的任务。

然而，在自然场景图像中，文本检测和识别可能受多种环境因素的影响，包括纹理背景的多样与复杂、照明条件不同导致的文本差异、透视引起的图像变形以及质量降低等。因此，在自然场景中，文本的检测和识别是一项极具挑战性的任务。这些挑战来自图像中文本的属性，主要可分为以下类型。

（1）文本的情景多样性。文档图像中的文本通常以常规字体、单一颜色和统一的版式布局显示。相比之下，来自自然场景的文本即使在同一个场景中也可能具有完全不同的字体、颜色、方向和比例。不同字体的字符可能包含较大的类内差异，并可能创建大量的序列子空间，因此，在字类别很多的情况下，很难进行精确识别。

（2）场景复杂性。在自然环境中，许多人造物体（如建筑物、符号和绘画）出现在自然场景图像和视频中，这些图像和视频可能具有与文本相似的结构和外观。因此，背景可能相当复杂。文本本身的布局设计通常是为了便于阅读。然而，复杂的场景使区分文本和非文本成为一项挑战。

（3）纵横比。文本在自然场景中具有不同的纵横比。例如，交通标志可能很简短，但其他文字，如视频字幕，则可能要长得多。检测这类文本需要设计一个计算复杂度很高的过程，因为在搜索过程中需要考虑位置、规模和长度等属性。

（4）干扰因素。自然场景中主要存在4种不同的干扰因素。

- 光照不均匀：在自然环境中拍照时，由于设备对光源的反应不同，使图像中的光照不均匀成为一个常见问题。不均匀的光照通常会导致颜色信息错误和视觉元素退化，从而导致检测、分割和识别的结果错误。
- 模糊和退化：即使在最佳工作环境中和使用无焦距相机，也会出现文本模糊和图像散焦的情况。此外，可能存在很多因素会降低文本的标准，例如图像/视频的压缩/解压缩。模糊、退化和散焦的总体影响是，它们降低了字符的精度，使得文本分割成为一项挑战。
- 扭曲：当相机光轴与文本平面不垂直时，会发生透视失真。这会导致文本边界、矩形形状和变形字符的丢失，造成使用未变形模式训练的识别模型的识别性能明显降低。
- 噪音：会降低图像的分辨率，给文本检测与识别增加了难度。

（5）多语言环境。尽管大多数拉丁语只有几十个字符，但有些语言可能包括数千个字符，如汉语、日语和韩语等。又比如，阿拉伯语字符根据上下文改变形状，因为它有连接字符；印地语将字母组合成数千种表示音节的形状。在多语言环境中，即使只扫描文档中的OCR也仍然是一项挑战，复杂图像中的文本识别则更复杂。

1.3 主要研究内容

检测文本涉及一个非常微妙的过程，它需要适应字体、对比度、字体大小、对齐方式和颜色等因素的影响。这些因素中的每一项都使得建立单一解决方案具有挑战性。本书以现有的文本检测算法为基础，涉及的研究围绕两个方面展开：第一，训练数据不平衡的情况下深度学习模型的训练；第二，文本检测模型对于大长宽比文本和大尺寸文本的检测。为了解决这两个问题，我们设计了两种模型，即TSFnet和Mnet。这两种模型的主要内容如下。

1. TSFnet

现有的检测模型大多数是单流检测模型，此类模型对训练数据的分布非常敏感，若训练数据分布不平衡，算法会出现偏向性，导致算法忽略那些难检测的文本区域。同时，传统的模型对于大长宽比文本区域的检测效果较差。

为了解决这类问题，本书设计了双流文本检测模型TSFnet。在TSFnet中，提出了损失平衡因子的概念，损失平衡因子用于增强算法对困难样本的注意力，避免算法在训练过程中出现偏向性。TSFnet由检测流和判别流组成，检测流预测可能存在文本的区域，判别流辅助检测流检测小尺寸文本。由于采用了双流结构，TSFnet对多尺度文本的检测与识别具有较强的鲁棒性。

2. Mnet

TSFnet规模较大，导致其运行速度相对较慢。为了加快运行速度同时减少模型占用的空间，本书还提出了Mnet，一种基于两阶段目标检测模型的文本检测模型。在Mnet中，结合多尺度卷积核设计了一种新的区域建议网络用于检测大尺寸文本，同时设计了置信度网络用于对建议区域进行评分。结合新型区域建议网络和置信度网络，Mnet实现了对大长宽比文本的精确定位，同时对多尺寸文本的检测与识别具有很好的效果。

1.4 本书的组织结构

本书以文本检测与识别为线索，以提出的相关算法为核心，逐层递进地组织了各章的内容。具体的安排如下。

第1章介绍研究的背景、面临的问题与挑战，并简要描述文本检测与识别的内容，说明文本检测和识别的重要性，以及提取文本信息的步骤。归纳场景图像中呈现的文本类型，还说明图像中文本的属性以及应用以及文本检测面临的主要问题与挑战，最后简要描述本书主要涉及的研究内容。

第2章介绍研究现状，总结用于文本检测和识别的方法，并说明多种方法各自的优缺点。这一章将研究方法分为两部分，即机器学习方法和深度学习方法。最后，介绍文本检测和识别的评价指标以及现有的标准数据集，并统计了算法在各个数据集中的效果。

第3章介绍TSFnet，首先介绍相关研究，紧接着介绍TSFnet的双流结构，然后对每个流进行详细的描述，并给出损失平衡因子的相关概念和定义，最后通过对比实验证明模型的有效性，并对该模型进行总结和展望。

第4章介绍基于两阶段检测设计的模型Mnet。Mnet使用了基于多尺寸卷积技术设计的新型区域建议网络，该区域建议网络用于检测大长宽比的文本区域。为了增强抗噪能力，Mnet在框架中加入了基于全卷积网络设计的注意力网络。Mnet解决了自然场景下的大尺寸文本检测问题。

第5章介绍了一些相对典型的、自然场景下的文本检测与识别的应用。

第2章 场景文本检测算法综述

2.1 简介

光学字符识别（OCR）被许多研究人员视为已解决的问题。但是，自然场景图像中的文本检测和识别受到许多限制，如低质量的或退化的数据。因此，很多方法的检测率和识别率都较低。自然场景中的文本检测需要应用先进的计算机视觉和模式识别技术，因为自然场景中的文本可能具有复杂的背景、较低的分辨率、不均匀的照明、不同的字体和不同的文本布局。此外，现代触摸屏技术在平板、手机等数字设备中的应用也带来了许多新的研究挑战。例如，相机拍摄的图像倾向于包含更多的场景而不是文本。

1. 图像中的文本

在计算机视觉和模式识别领域，对视频和图像内容的提取是当前研究的热点。基于内容的图像索引技术用于建立图像内容与标签之间的关系。图像内容主要包括对象、颜色、纹理、形状以及链接这些内容类型的关联。图像内容可分为两大类：感知和语义。

感知内容主要包括纹理、颜色、形状、强度和文本对齐等属性。基于相对较低水平的感知内容进行视频和图像索引，早期已经有许多成果发表。

语义内容指的是事件和对象，以及它们之间的关联。语义内容除了可以用于图像的分类和索引，还可用于基于内容的图像检索。

数字多媒体技术的快速发展促成了各类信息资源的数字化，这些资源通常可以通过电子方式访问。不同的字体样式、大小、对齐方式和颜色可以在复杂背景下以文本数据的形式嵌入到图像中，检索自然场景图像中可用的候选文本区域成为一个难题。

2. 场景图像中的文本类型

在场景图像中文本，根据其呈现方式的不同可以分为两类：场景文本和图文。场景文本是指在自然场景中使用的文本，例如商店名称、街道标志、街道名称，以及表面上的文字，例如T恤和旗帜上的文字。由于文本可能存在倾斜、旋转、部分被隐藏、部分位置有阴影的情况，或者文本被放置在各种表面上，因此这类文本的检测和识别是一项挑战。

图文是指在后期处理阶段添加到场景中的人工文本或标题文本，主要包括电视节目、新闻直播和视频注释中的嵌入式字幕，还包括新闻视频、视频广告和体育视频等数字图像。对检测和识别来说，这类文本有一个突出的优点，就是大部分文本都是笔直的，因为它是以矩形帧的形式添加到视频图像中的。在后期处理阶段生成和放置在场景上的通常是信息的重要载体，因此非常适用于信息索引和检索。

3. 图像中文本的属性

文本通常以不同的大小、正反、对齐方式、样式、方向、对比度、背景和纹理等特征显示。根据对近期发表的相关研究成果的调研，可以将文本的属性大致总结如下。

（1）几何图形。几何图形属性又包含两方面的内容。

- 尺寸：文本大小可能存在很大差异，因为它取决于具体应用场景。
- 对齐方式：字幕文本字符的一个特点是呈水平分布，某些特殊效果可能会导致字符显示为非水平文本。然而，场景文本可能存在不同的透视扭曲，还可能存在几何变形的情况，并且可能在任何方向上对齐。

（2）边缘：标题和场景文本的设计者旨在让文本易于阅读。这一目标通常是通过在文本和背景之间的边界以强边缘效果显示文本来实现的。

（3）颜色：基于连接组件的方法进行文本检测，从而使文本行中的字符倾向于具有相似或完全相同的颜色。目前大多数成熟的研究成果集中在确定单色文本字符串。然而，视频图像和可选的复杂颜色文档可能包括多种颜色的文本字符串，甚至一个单词内也可能存在多种颜色。

（4）压缩：为了减少图像文件的大小及传输和处理图像所需的时间，研究人员使用不同的方法对图像进行压缩。

（5）动态：在视频中，相同的角色通常出现在连续的帧中，视频中的文本通常以统一的方式垂直或水平移动。然而，场景文本可能包括因对象或相机运动而产生的随机运动。

2.2 场景文本检测和识别过程概述

根据场景文本检测和识别算法的不同，过程大致分为两类框架：集成算法框架和分步算法框架。

1. 集成算法框架

该类算法框架采用检测和识别过程以及字符分类系统来识别单词，分类系统在定位和识别之间协调完成联合优化，如图2.1所示。

集成算法框架绕过了分割带来的问题，因为它们试图使用字符和语言模型的示例来识别特定的单词。然而，在使用广泛的字符类和广泛的候选窗口的情况下，这些技术因多种字符分类所涉及的昂贵计算成本而带来不利影响。此外，词类数量越大，进程的检测和识别能力越差。这些技术还受到词库列表较小的限制。集成算法框架的部分方法为了定位感兴趣的区域，加入了预处理阶段。这种处理方式不同于利用文本识别反馈过程降低误检率的分步算法。

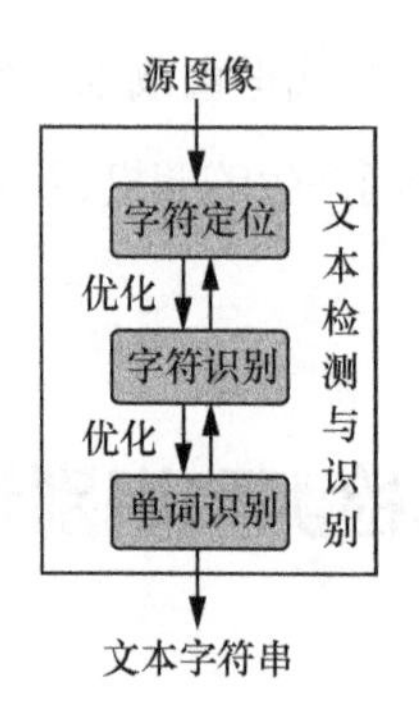

图2.1 集成算法框架示意

2. 分步算法框架

分步算法框架由断开连接的检测模块和识别模块组成，它们通过使用前馈管道检测、分割和识别文本区域，如图2.2所示。

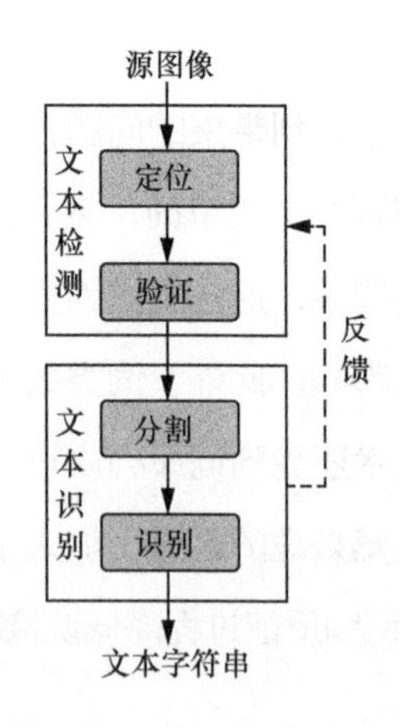

图2.2 分步算法框架示意

分步算法框架最关键的特点是使用粗略定位，因为这允许过滤大部分背景细节。这种方案的优点有两个方面：提高了计算系统的效率，降低了相关成本。然而，缺点确实存在，尤其是技术的结构复杂，这一点不同于将所有阶段整合在一起的其他技术。此外，要确保所有阶段的所有因素都得到优化并不容易，因此这种技术是通过对误差的累积来抽象的。

上述两类算法框架各有优劣，二者的特点分别总结如下。

（1）集成算法框架

- 检测模块和识别模块组合在一起。
- 切分步骤被消除，并用一个单词识别阶段代替。
- 由于词库较小，适合于从图像中识别某些单词。
- 词汇表越大，识别单词就越困难。

（2）分布算法框架

- 检测模块和识别模块是分开的。
- 过程分为定位、验证、分割和识别阶段。
- 适用于检测相当数量的单词。
- 虽然计算费用较低，但过程比较复杂。

2.3 场景文本检测和识别算法分类

当前，根据学习方法的不同，场景文本检测和识别的算法可以分为两大类：基于传统机器学习的算法和基于深度学习的算法。基于传统机器学习的算法包括决策树、聚类、贝叶斯分类、支持向量机、EM、Adaboost等。深度学习本来并不是一种独立的学习方法，其本身也会用到有监督的学习方法和无监督的学习方法来训练深度神经网络。但由于近几年该领域的研究发展迅猛，一些特有的学习手段（如残差网络）相继被提出，因此越来越多的人将其单独看作一种学习的方法。下面从处理过程的角度，分别介绍两类算法中具有代表性的方案。

2.3.1 基于传统机器学习的场景文本检测和识别算法

1. 场景文本检测

场景文本检测是一个非常活跃的研究领域。对于场景文本图像，可通过使用文本检测方法使文本识别率提高50%以上。因此，文本检测对于文本信息检索至关重要。采用传统的机器学习方法进行文本定位，主要可以分成两类：基于滑动窗口的方法和基于连接组件的方法（CCA）。通常使用的特征包括纹理、边缘、笔画和颜色等。

（1）基于滑动窗口的方法

基于滑动窗口的方法，也被称为基于区域的技术，已被证明在行人和人脸检测等应用中相当有效。尽管技术与上述应用相似，但字符检测仍面临特别的挑战。首先面临的挑战是，类别数更多，如字符类别就有62种。其次是字符间和字符内的混淆，如图2.3所示。当一个窗口中两个字符间的距离较小时，靠得近的部分可能有与另一个字符相似的外观。图2.3（a）所示的窗口中两个字符“o”相近的部分，可以考虑为“x”。此外，一个字符的某一部分的外观可能与另一个字符相似。在图2.3（b）所示的窗口中，字符“B”的一部分可以被看作是“E”（Koo和Kim，2013）。

（a）字符间混淆：两个“o”相近的部分的窗口被错误地检测为“x”

（b）字符内混淆：覆盖字符“B”一部分的窗口被识别为“E”

图2.3　检测多类字符检测的挑战（Koo和Kim，2013）

本质上，滑动窗口被认为是一种“蛮力”技术，它通过滑动窗口寻找窗口内的潜在文本，随后通过机器学习方法识别文本。由于图像需要通过多个尺度进行处理，所以这个过程耗时相对较长。因此，对于基于区域的技术，研究的重点一直是为较小的图像块开发有效的二值分类（文本与非文本）。或者说，重点是确定提供的掩膜是否包含文本区域的一部分。

研究人员通过实施有效分类的级联结构来应对这一挑战。在级联技术的初始阶段，采用了垂直和水平导数等简单特征，然后逐步使用复杂特征。尽管这种结构有助于熟练的文本检测，但这仍然存在一个问题。即使对于人脑，当文本属性（包括颜色、倾斜度和比例）未知时，也很难确定图像块的类别。使用不同窗口大小的多尺度方案可以减少尺度问题，但这也导致了不同规模的盒子重叠。从使用ICDAR 2005数据库（ICDAR是文档分析与识别国际会议的全名International Conference on Document Analysis and Recognition的缩写）的实验结果来看，这种基于区域的技术是有效的。

Chen和Yuille基于多尺寸图像窗口上的三组特征，使用AdaBoost分类器以级联的方法检测文本。该方法共使用89个特征，分为三组。第一组包括40个特征、分别是4个强度平均特征、12个强度标准差特征、24个导数特征；第二组包括24个直方图特征；第三组是25个基于边缘连接的特征。然后基于提取的特征，使用Niblack提出的自适应二值化算法的变体对图像进行分割。该算法需要对训练目标的多个子窗口进行手动分割，因此计算成本较高。此外，由于缺乏标准的评估方法，该算法的定位性能优势不明显。

Pan、Hou和Liu基于马尔可夫随机场（Markov Random Field，MRF）模型，结合多尺寸局部二值模式和定向梯度直方图（Histogram of Oriented Gradient，HOG）特征，采用连接组件分析（Connected Component Analysis，CCA）的方法过滤非文本，实现了对文本的检测。该算法在ICDAR 2003数据集上进行训练，在ICDAR 2005数据集上进行了测试，查全率（也叫召回率）和查准率（也叫准确率）分别达到68%和67%。然而，由于多尺度窗口的使用，该算法的计算复杂度比较高。随后，Lee等人改进了该算法，基于鉴别能力更强和计算成本更高的特征，使用多尺度窗口来适应不同场景中文本的大小，连续搜索整个图像，从每个窗口中提取6个有效特征输入适当的AdaBoost，将相关区域分类为非文本或文本。所采用的6个有效特征分别是*X-Y*导数、边缘间隔和连通分量分析、Gabor滤波器的局部能量、图像直方图的统计纹理度量、小波系数方差度量，该方法在ICDAR 2005数据库上的f-measure指标达到了70%。虽然该算法的文本定位精度略有提高，但定位速度大大变慢。

（2）基于连接组件的方法

基于连接组件（Connected Components，CC）的方法大多采用自底向上的方式。首先，通过对小组件分组的方式逐渐增大组件范围，直到能够识别图像中的所有区域；其次，通常需要使用几何分析的方法对组件进行识别和分组，以定位文本区域并确定文本组件的数量。在基于连接组件的方法中，通常使用颜色聚类或边缘检测的方法快速地分割候选文本组件，随后使用分类器或启发式规则来修剪非文本组件。基于连接组件的算法可能会由于分割的候选组件相对较少而降低计算开销，并且可以利用定位的文本组件实现快速识别。

尽管可以基于连接组件提高识别速度，在缺乏文本比例和位置的先验知识的情况下，文本成分仍然无法通过基于连接组件的算法进行精确分割。此外，由于大量的非文本成分在单独分析时极易与文本成分混淆，所以设计可靠且快速的连接成分分析算法仍是一项挑战。一般来说，需要处理的组件数量相对比较少，则算法的处理效率相对比较高。由于该算法对字体变化、比例变化、文本方向变化不敏感，近年来，在场景文本检测领域，基于连接组件的文本检测已成为常规技术。

基于连接组件的算法只处理连接组件级的信息，包括对文本区域的连接组件提取和定位。该类算法的研究主要集中在解决以下三个问题。

① 类文本的连接组件提取。

② 非类文本的连接组件过滤。

③ 从连接组件推测文本块。

文献中许多的连接组件提取算法的产生与发展是为了解决问题一。在现存算法中，有些方法基于一些假设观察来实现连接组件的提取。例如，文本组件边界会显示出强烈的不连续性，而连接组件是从边缘映射中提取的；文本是使用相同颜色书写的，这个观察结果激发了许多研究人员，他们采用了颜色分割或还原的方法对类文本连接组件进行提取。

一些研究人员则基于一些已有的方法设计了连接组件提取的相关方法，例如，Epshtein等人利用了文本曲线性，以及Pan等人通过估计尺度实现的局部二值化算法。在连接组件提取后，一般会使用基于连接组件的技术过滤非文本连接组件。例如Pan和Chen等人利用了诸如“每个连接组件内笔画宽度的差异”“连接组件内孔的数量”和“纵横比”等特征，Pan等人还使用了条件随机场（Conditional Random Field，CRF），以便在一元特征的基础上提取二元关系特征；对于非文本成分的过滤，则采用了神经网络。基于连接组件算法在过滤出非本文成分后，从剩余的连接组件中，经过文本行分组、文本行形成或文本行聚合等几种操作最终推断出文本块。

基于连接组件的算法通常具有较高的计算复杂度，但是它们比基于区域的技术表现了更好的性能。这是因为它们的性能取决于连接组件质量，以及它们对精确连接组件过滤和提取技术的应用。

Wang和Belongie等人提出了一种基于多层分割和高阶条件随

机场（CRF）的算法。如图2.4所示，该技术采用多层分割，使用均值漂移等算法将文本从图像中分割出来。通过均值漂移算法，根据梯度、颜色和对比度将输入图像分解为九个级别。在这些不同的级别中，将提取的连接组件作为候选文本，然后采用基于高阶条件随机场的评估方法来验证候选文本连接组件。所使用的高阶条件随机场模型主要包括三个不同级别的特征，即连接组件字符串、连接组件对和单独的连接组件，以用于区分非文本和文本。为便于评估，剩余的连接组件随后被划分为单词组。该方法在ICDAR数据集和街景数据集上，展现良好的自然场景文本检测性能。

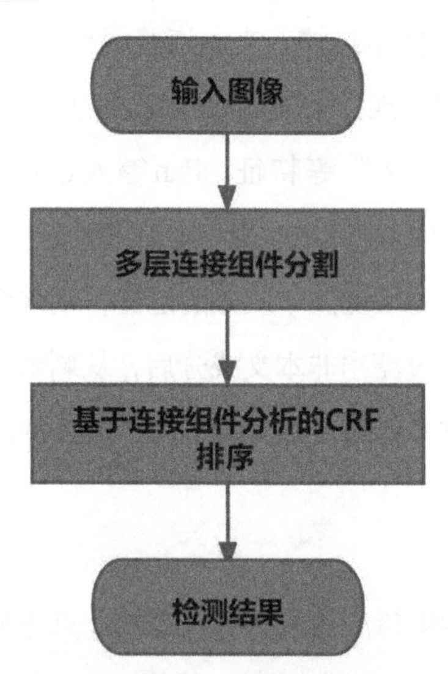

（a）基于连接组件的多层分割和高阶条件随机场的文本检测算法示意

图2.4　基于多层分割和高阶条件随机场的算法示意

（b）应用多层分割创建使用不同颜色和黄色标记的

连接组件，用于绑定检测到的单词

图2.4　基于多层分割和高阶条件随机场的算法示意（续）

（3）特征

纹理、边缘和颜色特征通常用于文本定位，Ye等人和Liang等人对字符外观、区域、点和笔画等特征在文本定位中的应用进行了研究。基于特征的文本检测方法主要可以分为三大类，分别是基于颜色的方法、基于梯度特征的方法和基于纹理特征的方法。

• 基于颜色的方法

通常情况下，场景或标题文本的设计者产生的文本具有可识别的亮度和颜色，并且在背景中比较突出。基于文本可从背景中分割的假设，侧重关注颜色特征的变化，可以利用颜色特征进行文本检测。

Karatzas等人采用拆分和合并策略基于色相（Hue）、亮度（Luminance）、饱和度（Saturation，与Hue、Luminance合称HLS），使用颜色来估计亮度和色度之间的变化。选择HLS颜色空间的主要原因是该方法有助于人类进行色度划分。HLS颜色空间的划分主要包括颜色之间的波长划分、颜色纯度划分以及颜色亮度划分。其中波长划分表示了颜色色相的变化，颜色纯度划分表示了颜色饱和度的变化，颜色亮度划分表示了相关颜色的视亮度的变化。此外，该方法在成分聚合阶段进行合并的操作是在HLS图像数据指导下，基于获得的图像数据与亮度、颜色纯度和波长辨别等信息的合并进行的。合并程序是在拆分程序结束后，以自下而上的方式进行的。在底部叶子层，首先识别各连接组件，随后在多个方向和沿曲线方向检测类似字符的组件以用于组成文本行。该方法在其提供的实验数据中展示了88%的查全率和53.4%的查准率。

- 基于梯度特征的方法

假设文本在背景中显示强边缘，那么包含高梯度值的像素被视为基于梯度特征的文本定位方法的文本候选区域。该类方法一般在对文本边界的边缘进行识别和组合之后，采用启发式的方法过滤非文本区域。对于边缘检测，通常使用边缘过滤器，在合并阶段，则使用形态学算子对区域进行合并。通常，该类算法从边缘检测或基于替代梯度的特征计算开始。

Shivakumara等人提出了一种基于边缘的文本检测算法，用于在包含水平方向文本的图像中检测文本。该方法从256像素×256像素的图像帧中分割出16个等效的非重叠块。从均值和中值滤波中得出类似边缘分析方法的启发式规则，以确定用于分割的候选文本块。

Park，J.等人提出了一种基于自动翻译结构的算法用于韩国店铺招牌图像上的文字检测。店铺招牌上的店名通常由文字表示。他们基于边缘成分对光线差异不太敏感这一事实来实现文字检测。首先在灰度图像中使用Canny边缘检测器以获得输入图像的边缘信息，计算边缘的水平轮廓以检测包含文本的候选区域。然后，通过垂直扫描，从图像的中心线开始，到图像的顶端或底端，检测直方图内出现的低谷，从而基于文本的水平轮廓是水平对齐的假设来识别文本候选区域。当水平轮廓的值低于HTR/C阈值时，它被认为是能够从背景中分割候选区域的低谷。基于使用三星智能手机采集的共445幅图像韩国招牌图像进行实验，检测率为57%，其中背景和主文本可分割，但含有噪声和隔离区域。这种算法还可用于垂直对齐的文本。

Huang等人提出了边缘光线过滤器算法用于检测场景特征。在该算法中，主要是通过充分利用边缘的基本空间格式而不是直线假设来滤除复杂背景。边缘提取使用EPSF（边缘保持平滑过滤器）和Canny的混合。一种新的EQCA（边缘准连通性分析）用于统一复杂的边缘，以及分割字符的轮廓。随后使用LHA（标签直方图分析）

过滤掉冗余光线和非字符边缘。最后，通过利用两个常用的启发式规则消除误报。此算法可以同时处理亮对暗和暗对亮字符。在基准数据集ICDAR 2011上进行了实验，结果达到预期。

- 基于纹理特征的方法

此类方法利用文本的纹理特征将文本作为一种独特的纹理处理。这意味着小波系数、傅立叶变换、局部二进制模式（Local Binary Patterns，LBP）、滤波器响应、局部强度和离散余弦变换（Discrete Cosine Transform，DCT）均可用于区分图像中的非文本区域和文本区域。由于需要包含所有比例和位置，这些算法的计算成本通常较高。此外，此类方法主要用于处理水平文本，并且对比例变化和旋转非常敏感。其优势是能够适用于复杂背景，主要缺点是复杂度高。

Kim等人提出使用支持向量机（Support Vector Machines, SVM）分析文本的纹理特性（像素强度），然后通过对纹理分析的结果应用连续自适应均值漂移算法（CAMSHIFT）识别文本区域。支持向量机和CAMSHIFT的结合具有强大而高效的文本检测效果。该方法具有从复杂图像中检测文本的能力，但在检测小文本和低对比度文本时遇到了问题。

Gupta和Banga提出了一个文本定位算法系统，该系统旨在定位各种类型图像中的文本。输入图像通过Haar离散小波变换（Discrete Wavelet Transform，DWT）被分解为四个子图像系数。

对于三个细节部分，应用Sobel边缘检测器，并将获得的边缘进行积分以创建边缘贴图。在二值边缘映射上进行形态学膨胀，并将连接的部分标记为文本区域。最后，基于某些特定条件在边界框中提取文本。算法可适用于有不同的光照条件、图像强度和颜色变化的图像。该算法只分析文本框和多个字符。

Angadi等人提出了一种从低分辨率自然场景图像中检测和提取文本区域的算法。该算法采用基于DCT的高通滤波器和纹理特征提取背景。在处理图像的每个50×50块上，提取纹理特征，并设计了细节判别函数将每个块分为两类。基于特征向量的类别实现对文本块的识别。第一类特征与文本块相关，而第二类特征与非文本块相关。最后，将检测到的文本块进行组合和细化以提取文本区域。这个算法的流程如图2.5所示。该算法可以适用于不同对齐方式、字体和大小、具有不同背景的文本的自然场景图像，然而在当图像背景异常复杂且包含汽车、树木和一些室外场景的附加特征时，效果不理想。

- 基于笔画特征的方法

Epshtein等人认为笔画定义了图像的连续部分，形成几乎恒定宽度的频带。对于每个像素，包含该像素的最可能笔画的宽度可以采用笔画宽度变换（Stroke Width Transform，SWT）的局部图像算子计算得到。笔画是图像的一部分，它创建了几乎均匀宽度的频带。使用SWT将每个颜色像素的值转换为笔画的宽度，随后将包含近似笔画宽度的边界像素组合成连接的组件。这种技术能够检测文本，而不考虑方向、比例和字体的变化。该算法对检测边缘的质量非常敏感，这些边缘本身容易受到输入图像中噪声和模糊程度的影响。SWT是一种非常稳健的方法，该方法的优势是不需要特征描述符就能实现较强的检测能力。然而，SWT无法处理某些类型的字母，例如汉语字母。

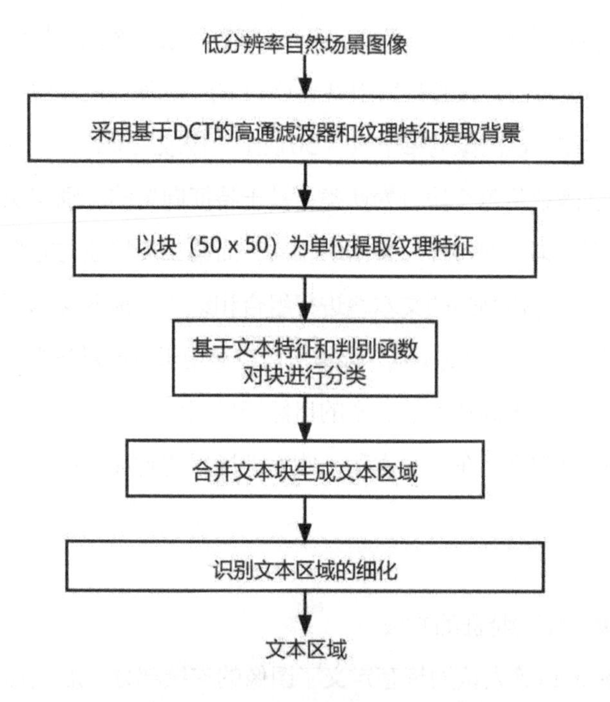

图2.5　Angadi等人提出的算法的流程

Epshtein等人提出了一种基于笔画宽度变换（SWT）的快速文本检测方法。首先将输入图像转换为灰度，然后使用边缘检测器生成二值边缘贴图，检测平行线并用于计算每个像素的笔画宽度。具有相似笔画宽度的像素组合在一起形成一个字符，如果两个相邻像素具有相似笔画宽度且其SWT比率不超过3.0，则可将其组合在一起。该算法的流程如图2.6所示。在ICDAR 2003和ICDAR 2005数据集上的实验结果表明，该算法可以适用于多种字体和语言的文本检测。缺点是，该方法对提取边缘的质量非常敏感，而提取边缘的质量又取决于输入图像中的噪声和模糊程度。

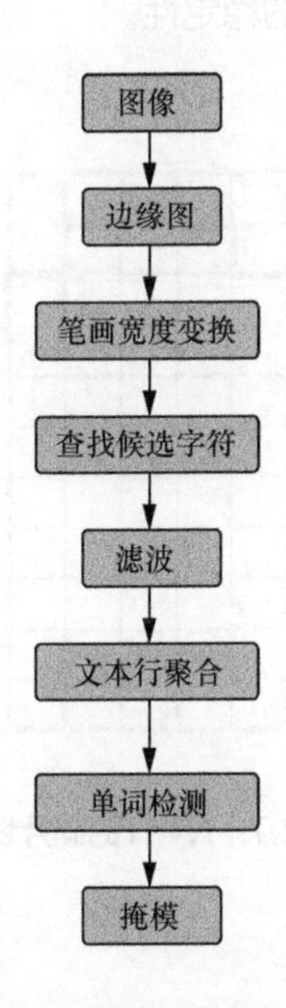

图2.6 Epshtein等人提出的算法的流程

Zhao等人针对复杂背景下的视频文本快速检测问题提出了一种混合算法。该方法分为两个阶段。首先，在将视频帧分割成$N \times N$个片段组（N是与视频帧分辨率相关的比例因子），使用支持向量机分类器搜索候选文本（如种子），然后使用新笔画单元连接（SOIC，Strokes Organize Into Connection）因子获取的特征对其进行训练。每一块被分成5个分区子区域，以提取25维SOIC特征，如图2.7所示。SOIC用于描述工件内部每个笔划单元的形状分布，主要考虑两个因素：单元宽度和子区域连通性。该SOIC特征用于描述每个过度分段的片段内的笔画分布。实验结果表明，该算法与颜色和语言无关，对视频光照具有很好的稳定性。

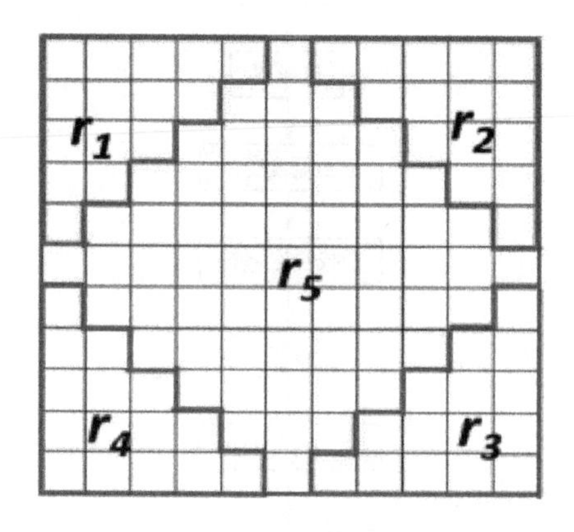

图2.7　*N*=11的碎片划分

Bai等人提出了一种可适用于笔画强度和宽度变化的算法，该算法采用边缘方向方差（Edge Direction Variance，EDV）和对边对（OEP）特征来表征文本可信度。文本置信度图（Text Confidence Map，TCM）是与输入图像大小相同的灰度图像。对于每个像素，测量属于文本区域的概率。然后，TCM用于对文本候选区域进行检测和分组。基于边缘的三个特征包括生成TCM的边缘密度、边缘方向的方差和OEP的数量。OEP特征描述如图2.8所示。在CASIA-VDB数据库中的ASIAMOVIE数据集上对该算法性能进行评估，该数据集包括6段含有中文、英文和少量数字文本的视频剪辑。实验结果表明，该算法能够以较高的准确率检测视频中的多语言文本。

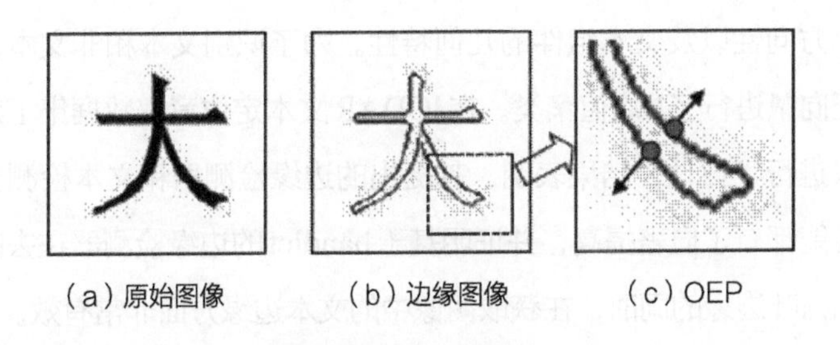

图2.8　OEP特征示意

Chowdhury等人经过广泛的研究得出结论：笔画的曲线所包围的厚度是均匀的或近似均匀的，文本颜色几乎是一致的，文本和背景的颜色在感知上是截然不同的。基于这个结论，构建了一组新的特征来检测自然场景图像中的文本。采用相关区域的距离变换值的子集来估计笔画宽度的均匀性。构建为一个感知均匀且照明不变的颜色空间，计算前景色和背景色之间的距离。基于反平行的边缘梯度方向，度量对象的Canny边缘映射和骨骼表示之间的距离。前景灰度变化和平均边缘梯度大小共同构造特征向量。然后采用多层感知器（Multi-Layer Perceptron，MLP）作为分类器。在ICDAR 2003数据集和一个印度文字组成的场景图像数据集中的评估结果表明，这个算法具有很好的鲁棒性。

针对低分辨率图像文本，为了增强文本边缘并抑制噪声，Mosleh等人提出基于频带的边缘检测器来改进SWT。采用笔画宽度变换生成的连接组件构建特征向量。特征向量由笔画宽度变换建立的特征和其他特征组成，包括背景的高对比度、文本边缘梯度的变化方向性以及文本组件的几何特性。为了识别文本和非文本，对特征向量进行了k均值聚类。在ICDAR文本定位竞赛数据集上对该算法进行了评估，结果表明，其提出的边缘检测器和文本检测算法的性能都有了显著提高，并证明基于bandlet的边缘检测器在去除噪声和树叶边缘的同时，在获取图像中的文本边缘方面非常有效。

- 基于最大稳定极值区域的方法

最大稳定极值区域（Maximally Stable Extramal Regions，MSER）是计算机视觉中的一种斑点检测技术。Matas等人提出使用该算法建立各种透视图的图像元素之间的关系。与传统的基于组件的方法相比，基于MSER的方法的主要优点是在使用字符提取MSER算法时具有鲁棒性，因为即使在图像质量低（低对比度、强噪声、低分辨率）的情况下，MSER算法也可以检测大多数字符。尽管其性能得到了大幅度提升，但仍有许多问题需要解决。

首先，图像中的一些文本对象没有严格遵守极值区域的定义，因此，整个区域的像素最小（最大）强度值大于（小于）边界像素的最大（最小）强度值。例如，在图2.9（b）和图2.9（c）中，边框内的字符和图2.9（a）中的灰色区域不会被提取为极值区域。尽管这在ICDAR数据集中不是一个严重的挑战，但必须考虑不同场景中的情况。

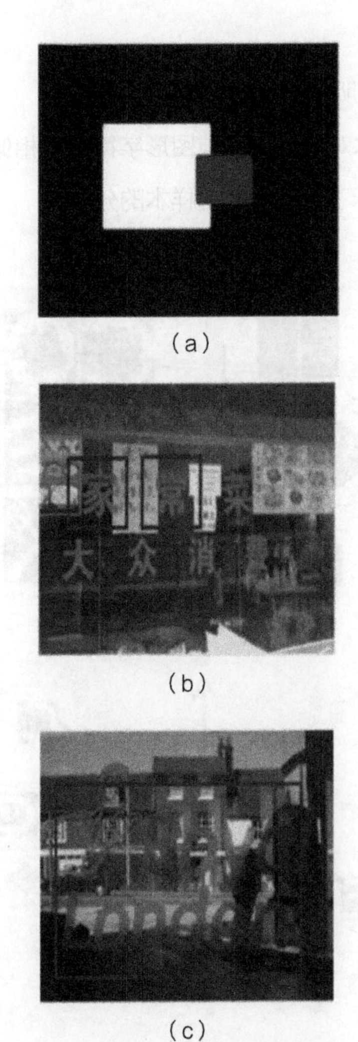

（a）

（b）

（c）

图2.9　基于MSER的方法的局限性示意

其次，如图2.10所示，除了文本对象，极值区域方法还能够提取大量的非文本对象，以及大量的歧义对象。含糊不清意味着它不清楚或令人困惑。这种模棱两可的情况可能包括两个方面。

① 对象本身不明确，如图2.10（a）所示。

② 一些非文本对象的形式与图形字符非常相似，如图2.10（b）和图2.10（c）显示了两种不明确样本的分布。

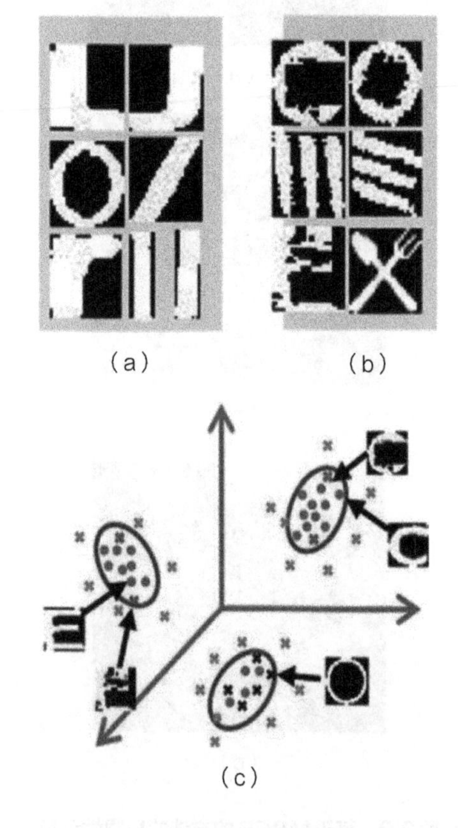

（a）　（b）

（c）

图2.10　歧义对象样本及其分布

由于某些非文本对象使用可比较的属性作为文本，因此当使用手工特征（边缘检测、角点检测、直方图）表示对象时，这种模糊性导致的挑战将变得更严重，主要原因可以总结如下。

① 一些非文本行可能具有与图2.11所示文本行相同的纹理或属性。

② 当涉及文本和非文本分类时，有些文本行只包含一个字符。

歧义问题是文本检测算法的瓶颈，它对文本检测算法的性能有着巨大的影响，因此需要引起足够的重视。

图2.11　类似文本纹理实例

最后，另一项巨大的挑战是在背景或布局复杂的情况下构建候选文本行，文本行的合并比较复杂，尤其是在行的两端。此外，层次结构中重复出现的对象对候选文本行的形成有严重影响，如图2.12所示。

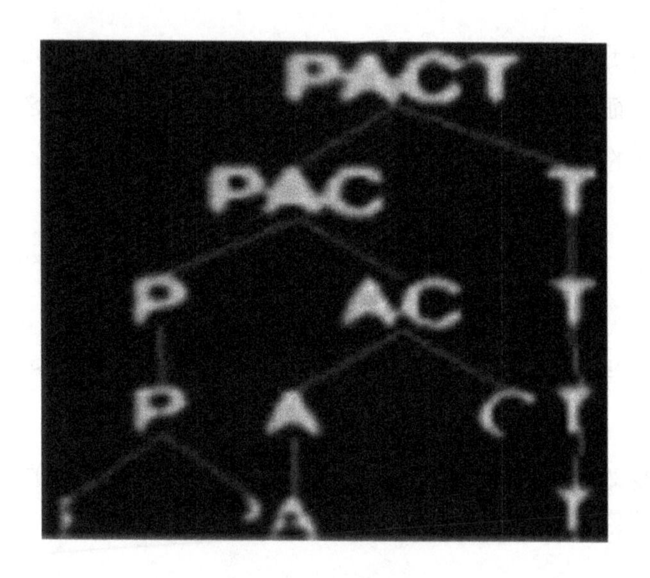

图2.12 层次结构示意

为了解决上述问题，Sun等人提出了一种基于广义颜色增强的对比度极值区域（Contrasting Extremal Regions，CER）的方法，在基于透视的光照不变颜色空间中，从其灰度图像、色相和饱和度通道图像构造6个分量树，并相应地反转图像。从每个分量树中提取广义颜色增强CER作为候选字符。通过“分而治之”策略，每个候选图像块都被规则一致地标记为以下5种类别（长、细、填充、方形大和方形小）中的一种，并通过相关的神经网络分类为非文本或文本。在修剪非文本成分后，每个成分树中重复出现的成分都会被修剪区域信息和颜色，以获取一个对象图，从而创建候选文本行，并通过一组额外的神经网络进行确认。最后，合并6个组件树的结果，并采用后期处理步骤恢复丢失的字符，并根据需要将文本行划分为单词。该方法在ICDAR 2013测试集上的准确率为87.03%，召回率为85.72%，F测度值为86.37%。

Chen等人通过组合具有MSER的Canny边缘，以克服MSER模糊的缺陷。首先，引入均方误差，建立字符区域。删除由Canny边缘形成的边界的外表面上的所有像素，以增强MSER。MSER在模糊文本提取中的可用性通过边缘显示的字母分割得到极大增强。其次，他们还提出通过使用距离变换来生成区域的笔画宽度变换图像，以有效获取更可靠的结果。通过应用行程和几何宽度信息，进行配对和过滤。最后，通过字母间距将字母分组成行。计算沿文本行的每个字符的垂直投影之间的距离，通过执行两类聚类以进一步消除误报。

Shi,C.等人引入图模型改进了MSER的文本检测方法。为了产生初步区域，该算法采用MSER算法。首先，基于每个MSER（被视为节点）分隔的位置和颜色距离构造图，然后利用代价函数将节点分为前景和背景。代价函数包括分离节点和前景或背景的距离的相关性。Neumann等人在各种投影中采用了MSER算法，以便在一般场景中进行文本检测。除了灰度强度投影之外，绿色、蓝色和红色通道还用于检测具有不同颜色的文本区域。采用径向基函数（Radial Basis Function，RBF）核的平均支持向量机（SVM）分类器。对从真实图像中检索到的MSER进行手动注释，以获得一组1227个字符和1396个非字符，并在这些字符上训练分类器。交叉验证的分类错误率为5.6%。

（4）融合方法

不同类别的文本具有不同的特点。例如，视频字幕的特点是字符密集和具有强梯度特征。相比之下，其他字符可能比较稀疏。混合方法用于此类情况，以增强算法对各种文本类别的性能鲁棒性。

Pan等人发现，基于区域和基于连接组件的技术是互补的，这样可以整合全局和局部信息。就其本身而言，基于连接组件或基于区域的技术较难对文本进行充分的检测和定位。特别地，基于区域的技术可以提取局部纹理信息以准确地分割候选对象，而非文本对象的过滤和文本区域的准确定位则通过基于连接组件的技术来完成。因此，通过融合基于连接组件和基于区域的信息，实现了一种混合文本检测和定位方法。在预处理阶段，文本区域检测器检测图像金字塔每一层内的文本区域，然后将文本置信度和比例信息投影回初始图像。随后，实施缩放自适应局部二值化以创建候选文本对象，如图2.13所示。在连接组件（CC）分析阶段，将一元成分特征（包括文本置信度）和二元上下文成分关系结合起来，采用CRF模型用于过滤非文本成分。使用基于学习的最小生成树（Minimum Spanning Tree，MST）算法连接相邻的文本对象，并采用能量缩减模型来切断单词边缘/行间隔，以便在最后阶段将文本对象划分为单词或文本行。尽管算法在最小生成树聚类之后非常复杂，但效果良好。

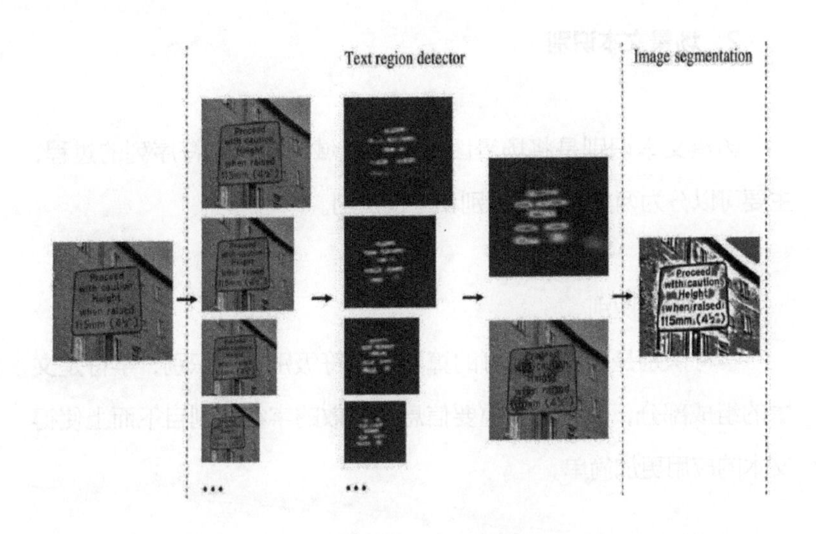

图2.13　预处理阶段

Seeri等人提出了一种针对不同背景的自然场景图像的文本区域定位和非文本区域移除的方法。该方法采用Haar离散小波变换，将图像分解为四个子带、三个细节分量（H、V、D）和一个平均分量。子带用于检测初始图像中的候选文本边缘。通过发现子带内的边缘，特别是对角线（D）子带、水平（H）子带和垂直（V）子带内的边缘，可以实现三个子带内边缘信息的融合。采用Sobel边缘检测器定位与文本相关的强边缘。随后的阶段包括使用逻辑AND和OR操作符创建集成的边缘图，该操作符提取一些模糊阈值、非文本区域以及用于文本区域分类和分割的形态学操作符。该方法的准确率和召回率分别为79.54%和89.21%。实验结果表明，所提出的定位和检测算法在多语言文本方面具有鲁棒性，且可适应图像中文本的照明条件、方向、字体大小、字体样式和比例的变化。

2. 场景文本识别

场景文本识别是将场景图像文本区域转换为字符序列的过程，主要可以分为两类：字符识别和单词识别。

（1）字符识别

字符识别是指基于字符的算法在字符级别执行识别，字符是文本的组成部分，包含大量重要信息。有效的字符识别自下而上使得文本的应用更加简单。

Yao等人基于字符的子结构特征提出了字符识别的新表示算法，定义为原始字符的Strokelets。Strokelets可以区分不同的角色，也可以区分对象及其背景。Yao等人采用Strokelets（由binning Strokelets和随机森林直方图组成），能够识别62个类别的字符，包括52个英文字母和10个阿拉伯数字。该算法在完整的ICDAR 2003数据集上的测试的准确率为80.33%，在ICDAR 2003（50）上的准确率为88.48%，在SVT数据集上的准确率为75.89%。该算法的优点是对失真字符的鲁棒性好和对不同语言的通用性强。Shi等人采用树形结构对字符进行了表征，如图2.14所示。生成的树结合了每个对象的全局结构及其局部外观。然后计算每个可能位置的CRF模型，通过采用成本函数得到识别结果。在ICDAR 2003、ICDAR 2011和SVT数据集上的识别准确率分别为79.30%、82.87%和72.51%。结果表明，该算法可适用于模糊、有噪声、被部分遮挡和文本字体不同的场景。

图2.14　字符的树形结构模型。一个矩形相当于一个基于零件的过滤器

Lee等人提出了一种鉴别特征池算法。首先是提取低层次的特征，包括颜色、梯度大小和梯度直方图，然后采用基于区域的池方法自动组合这些特征，最后，使用基于线性支持向量机的分类器对最具指导性和有用的特征进行排序和选择。该算法在ICDAR 2003、ICDAR 2011和SVT数据集上进行了综合测试，结果准确率分别为76%、77%和80%。Lou等人提出了一种用于场景文本识别的渐进形状模型。针对不同字体，从干净的字体图像创建图形插图（参见图2.15）。特征的表示仅取决于边缘，这排除了其他因素（包括纹理和颜色）的影响。为了能够识别边缘，使用了16个定向过滤器来检测边缘。同时，作者还使用了局部抑制，这将为每个像素保持一个最大边缘方向。最后，选择采用最大边际结构化输出学习来训练解析模型。在SVT和ICDAR 2013数据集上的评估显示，准确率分别为80.7%和82.6%。然而，这种算法也有它的缺点，当曝光过度或图像模糊时，边缘就会丢失。

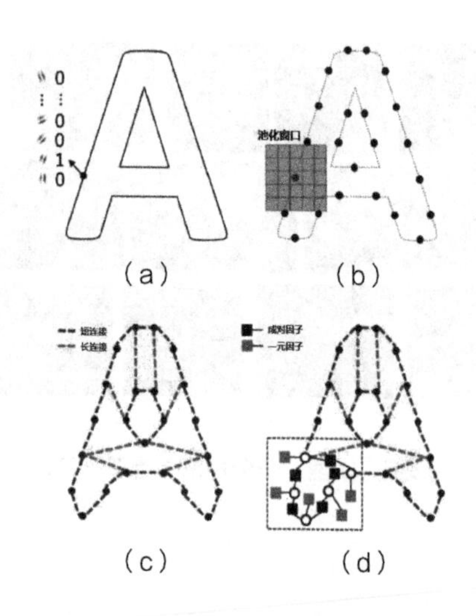

图2.15　边缘特征提取示意图

（2）单词识别

与字符识别不同，单词识别以单词为最小识别对象。Field等人提出了一种采用开放词汇单词识别的框架，该算法不依赖于来自特定词汇的词。他们创建了一个特征向量，其中每个字符包含一个HOG描述符，以及一个大小写特征，大小写特征是一个百分比值，以字符高度百分比表示，作为构成同一单词的最大字符高度的一部分。使用线性链CRF表示单词中的字符序列，使用CRF识别每个输入图像的主要文本标签。然后，使用全局语言信息，通过评估特定标签中不超过两个字符的词的出现概率，最终得到结果，如图2.16所示。在ICDAR 2003和ICDAR 2011数据集上的测试结果表明，采用开放词汇词识别框架的识别准确率分别为62.76%和48.86%。

Goel等人提出通过采用检索结构来解决单词识别问题的算法，其中词典被转换为完整单词图像的合成集合，然后将识别问题转化为从词典图像组中检索最佳匹配的问题。其中采用HOG、直方图、k近邻从图像中提取特征。该算法的测试和训练在SVT和ICDAR 2003数据集上进行，识别准确率分别为77.28%和89.69%。

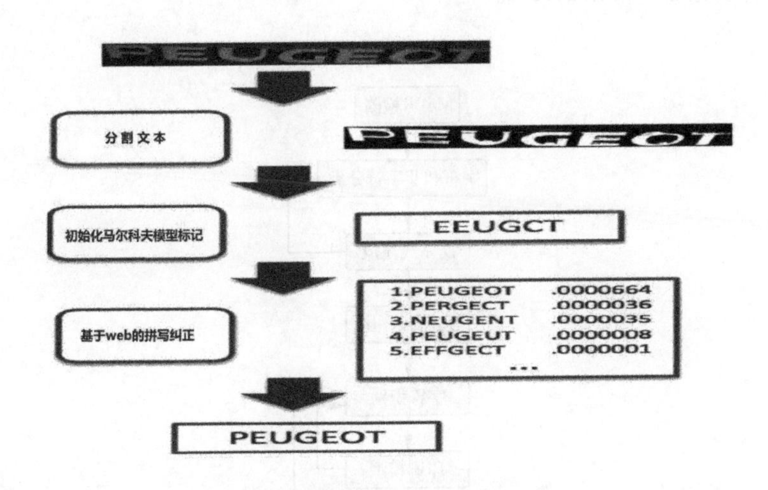

图2.16 开放词汇单词识别的框架示意

3. 端到端场景文本检测和识别

2011年，Neumann等人提出了第一个端到端文本检测和识别框架，如图2.17所示。首先，采用MSER提取最初候选区域。然后在数据集上使用径向基函数（RBF）核训练SVM分类器，去除非文本区域，确定35像素×35像素的字符。然后，将以上结果数据作为识别阶段的输入，其中每个MSER掩模在测量5像素×5像素的矩阵中被分为更小的样本。使用25个特征与8个方向总共生成200（25×8）个特征，最后采用SVM进行分类。在训练阶段，使用了Windows操作系统字符。在测试阶段，使用Chars74k数据集和ICDAR 2003数据集作为测试集来评估识别性能。结果显示，识别率分别为72%和67.0%。

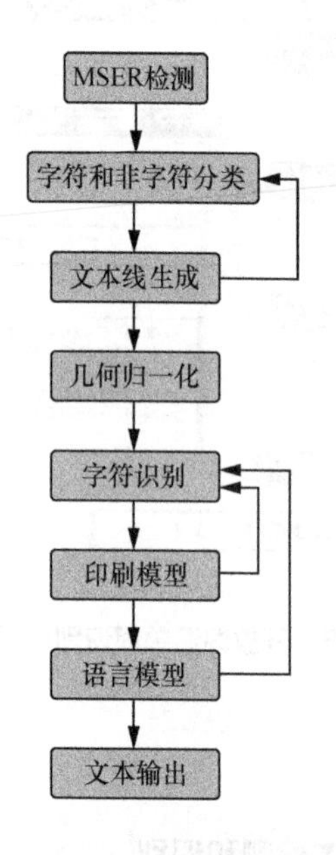

图2.17　端到端文本检测和识别框架示意

Yao提出一种算法，通过在联合框架中使用相同的特征和分类器，可以同时检测和识别文本（见图2.18）。该算法采用聚类和SWT得到文本候选区域。随后，该算法使用了两个级别的特征，第一个特征级别是组件级别，包括轮廓形状、密度、占用率、轴比、边缘形状和宽度变化等特征。另一个层次是链特征，包括平均概率和平均转角、候选数量、距离和大小的变化，以及方向偏差、轴比、密度、宽度变化、颜色的平均值范围，还包括自相似性和平均结构自相似性，均采用随机森林分类器进行分类。该算法采用基于词典的搜索模型来提高识别的准确性，这个词典基于搜索引擎上最常用的10万个单词创建。任何检测到的文本都被分割成单独的单词，然后与词典的元素匹配以识别相应的单词。该算法在MSRA-TD500上的识别率分别为64%、62%和61%，在ICDAR 2011上的识别率分别为52%、47%和48%。

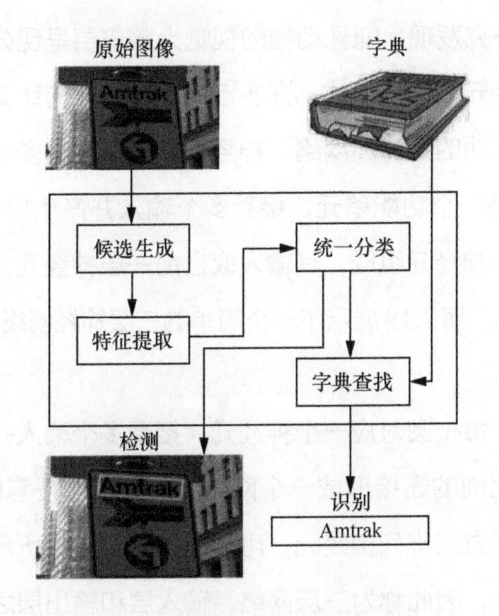

图2.18　端到端联合框架示意

2.3.2 基于深度学习的场景文本检测和识别算法

1. 深度学习简介

深度学习可以看作分层学习的一种形式，算法利用多层表示将数据逐渐转换为高级概念。“深层”架构是由从输入到输出的多个转换层组成的架构。算法从输入开始，通过一层层的变换，从较低级别的特征派生出较高级别的特征，从而形成层次表示。

生物学研究发现，哺乳动物的视觉大脑皮层呈现分层结构，由大脑中的神经元细胞群组成。许多旨在模拟大脑的计算架构应运而生，其中最成功的是神经网络。神经网络可以具有多层“神经元”，其中神经元是一个功能单元，接受多个输入并产生单个标量输出。一个层由多个神经元组成，其输入取自前一层神经元，其输出送至下一层神经元。图2.19展示了一个简单的三层神经网络。

图2.19中每个圆对应一个神经元，接受多个输入并产生单个输出。神经元之间的连接形成一个网络，可以采用任意的网络结构。通过以分层的方式排列神经元，可以建立表示层。所示的神经网络有三层神经元，因此称为三层网络。输入层和输出层之间的中间层被称为隐藏层，因为它们的状态无法被直接观察到。

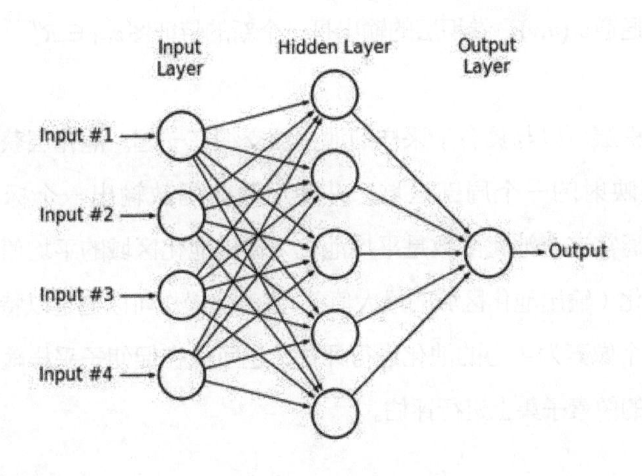

图2.19　神经网络

对于计算机视觉，最早的神经网络之一是 Neocognitron，由交替的过滤层（其中空间位置的神经元的响应是该空间位置的过滤器的响应）和池化层组成。 每个过滤器创建一个特征图（过滤器对输入空间位置的响应）。 池化层聚合局部响应并对特征图进行子采样，允许对过滤器响应进行一些平移不变性。该框架能够学习执行简单的模式识别。类似的表示，卷积神经网络，也被开发用于视觉识别。这些卷积模型已被证明在计算机视觉中非常有效。

（1）卷积神经网络

卷积神经网络（Convolutional Neutral Network，CNN）是通过将多层卷积滤波器组堆叠在一起而获得的，至少包含一个非线性响应函数。每个过滤器组或卷积层接受一个输入，在一个特征图 $z_i \in R^{H\times W\times C}$ 中，W 表示宽度，H 表示高度。$z_i(u,v) \in R^C$ 包含 C 个标量特征或通道$z_i^c(u,v)$。卷积层的输出是一个新的特征图$z_{i+1} \in R^{H' \times W' \times C'}$。

卷积层可以与具有子采样的池化层交织在一起。池化层获取一个特征映射的一个局部区域，并使用池化函数输出一个标量响应——通常这个池化函数是平均池化（输出池化区域的平均值）或最大池化（输出池化区域的最大值）。该池化操作可以通过以特征映射的每个像素为中心的池化进行评估，也可以在促使子采样输出特征映射的像素子集上进行评估。

例如，步幅为2的2×2最大池化层在以每个像素为中心的特征图中取2×2池化区域的最大值，得到一个次采样输出特征图。池化层有助于在局部邻域中建立平移不变性，同时也对特征图进行降采样，以降低模型的其余部分的维数。CNN的正向评估过程从$z_1 = x$开始，其中x是输入图像，最后连接一个特征映射到一个在分类的情况下的逻辑回归变量。通常网络的最后几层是全连接的层，其中每个单元都连接到输入特征图的每个元素。

CNN是神经网络的一种子类型，它通过定义相同的权重应用于输入特征图的每个空间位置。除了有助于减少网络所需的参数数量外，与卷积层共享权重意味着还可以学习特定视觉对象的单个模型，该模型对该特定对象做出响应，而无论该特定对象在输入图像中的空间位置如何。视觉对象的响应是简单地在输入图像对应的输出特征图中的转换。

卷积神经网络的部分能力在于网络的所有参数能够在监督学习的情况下被联合优化。这是通过定义一个可微损失函数和使用反向传播来实现的。例如，监督学习误差可以表示为：

$$E(\chi, \psi)=\frac{1}{|\chi|}\sum_{k=1}^{|\chi|} L(f(x_\kappa,\psi), y_\kappa)$$

在训练集χ的第k个训练样本x_κ上，标签y_κ和$f(x_\kappa,\psi)$的输出是一个损失函数L。通过最小化$E(\chi, \psi)$，优化网络参数。

利用随机梯度下降（Stochastic Gradient Descent，SGD），可以联合优化模型的参数，以尽量减少训练集上的损失。在分类任务中，这意味着分类器（松散地对应于CNN的最后一层）与特征提取器（网络的底层）联合训练，而不需要任何人类的特征工程。

除了监督学习范式，CNN也能以无监督的方式训练，如使用自动编码器，学习层通过使原始输入和重建之间的误差最小化，得到输入转换后的许多层。这是以一种贪婪的方式，分层地完成，以学习基于数据的特征提取器。无监督学习是初始化CNN的一种方法。

（2）面向视觉的卷积神经网络

卷积神经网络的一般结构为构建计算机视觉系统提供了一个强大的框架。事实上，最早成功的CNN模型之一在传统的文本识别中非常有用。LeNet-5卷积神经网络（如图2.20所示）用来做数字识别，定义了交替卷积层与子采样层的经典架构，成功用于特征提取，并使用完全连接的层作为最终分类层。通过使用子采样层，特征图的空间维数得到降低，减少了网络其余部分所需的计算量。这在MNIST数字识别数据集上取得了非常好的性能。

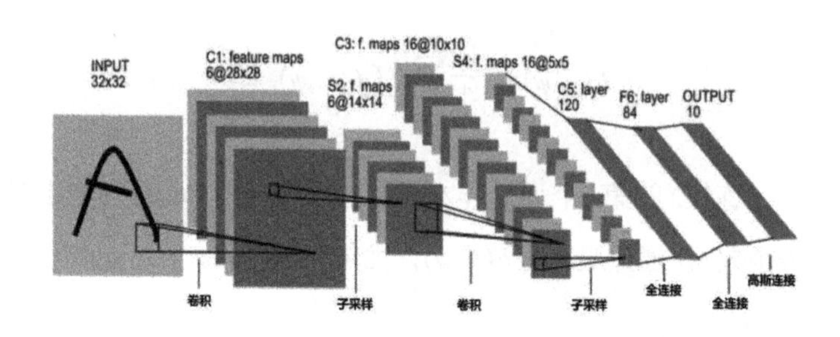

图2.20 经典的LeNet-5卷积神经网络

然而，由于自然图像的复杂性，直到最近几年CNN才被证明在自然场景识别问题上具有竞争力。大型训练数据集（如ImageNet）的出现和大规模并行GPU实现，使得快速训练更大的网络成为可能，并且有足够的数据避免过度拟合。基于此，Krizhevsky等人和Ciresan等人在视觉分类任务中取得巨大进展。

Krizhevsky等人采用8层CNN（层数仅指权重层），结合了ReLU非线性、最大池和对比归一化。在ImageNet上训练，用于执行1000种对象分类。由于该网络包含6000万个参数，Krizhevsky等人使用了dropout来确保减少过度拟合。之后，许多其他工作开始使用CNN进一步推进目标分类。Simonyan和Zisserman使用一个非常深的19层CNN来进行目标分类，并通过训练CNN回归目标边界框的坐标来执行定位——预测图像中目标的边界框。

基于CNN的物体检测（定位和识别图像中物体的所有实例）也有了进步，例如Sermanet等人开发了OverFeat系统，Girshick等人开发了R-CNN系统。为了执行目标检测，使用选择性搜索提取候选区域，随后由CNN进行分类。

除了一般对象识别，Farabet 等人的工作显示了多尺度CNN架构在语义场景分割方面的有效性，直接预测输入图像中每个像素的类别标签。Taigman等人通过大量的训练数据，用CNN获得接近人脑的人脸识别准确率。Tompson等人将CNN有效地用于人体姿势估计，Simonyan和Zisserman使用双流卷积神经网络实现视频中的动作识别。CNN的一个流作用于原始图像帧，而另一个流作用于通过光流计算的运动数据，对每个流的输出描述进行后期融合以进行分类。

得益于深度学习的发展，卷积神经网络得到了广泛的研究。它具有不受形状变化、光照变化和几何变换等因素影响的优点，并且从图像中提取信息的计算成本非常小。此外，CNN学习的参数使其在自然场景中能够大大增强文本的检测和识别能力。目前，基于CNN的文本检测和识别算法主要分为三类，即基于分割的方法、基于候选区域（Region Proposal）的方法和利用多任务学习的混合算法。下面对基于深度学习的文本检测和识别算法进行讨论。

2. 场景文本检测

Huang等人提出了一种被称为基于候选区域的文本检测算法，该算法使用了深度神经网络和其他依赖于区域的技术。通过使用CNN，该算法可以对目标有效地进行特征表征，并增强其在目标分类和物体检测方面的鲁棒性。图2.21展示了文本检测过程的三个主要阶段。首先使用MSER检测器处理输入图像，生成文本组件，然后使用训练好的CNN分类器为每个MSER组件分配置信值，最后，使用置信度分值比较高的文本部分创建确定的文本行。该算法通过使用MSER减少了检索窗口的数量，并在对比度较低的情况下增强了文本检测效果。在文本检测最常用的基准数据集是ICDAR 2011上，该算法取得了当时最好的效果，其F测度值达到了78%。

Shi等人提出了SegLink算法。SegLink通过使用两个局部可检测的微小元素segment和link对文本行进行检测。segment是一个定向框，它覆盖单词的一部分，而link是两个相邻段之间形成的连接。此外，该算法还使用了一个预先训练好的由11个卷积层组成VGG-16网络。该算法使用SynthText进行训练，在ICDAR 2015、MSRA-TD500和ICDAR 2013数据集上进行了测试，得到的F测度值分别为75.0%、77.0%和85.3%。由于SegLink无法检测字符之间存在较大空格的文本，该算法必须手动设置α和β的阈值，其中α用于segment，β用于link。

（a）输入图像

（b）对输入图像使用MSER检测器进行处理，得到的文本候选组件

（c）通过CNN分类器生成的分量置信图

（d）最终文本检测结果

图2.21　基于候选区域的文本检测算法的三个阶段示意

Liu等人提出了深度匹配优先网络DMPNet，该算法首先在一些特定的中间卷积层中使用四边形滑动窗口来近似地召回具有较高重叠区域的文本。DMPNet采用相同的复杂中间层来实现四边形滑动窗口，VGG-16网络是构成DMPNet模型的主要架构。将DMPnet模型应用于ICDAR 2015数据集，得到F测度值为70.64%。

为了处理多方向、多语言和多字体的文本检测任务，Zhang等人整合了显著图和字符组件MSER来预测行文本区域。显著图是由名为文本块全卷积网络（Fully Convolutional Networks, FCN）的经过训练的完全卷积网络模型处理得到的结果，该算法还使用字符质心全卷积网络来预测每个字符的质心，以消除误报，其网络架构如图2.22所示。该算法在文本检测基准库MSRA-TD500、ICDAR 2015和ICDAR 2013上进行了评估，得到的F测度值分别为74%、54%和83%。

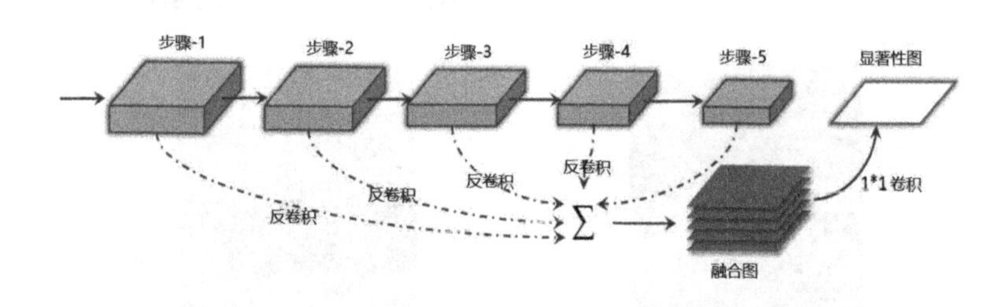

图2.22　文本块FCN架构图。VGG-16层模型包含5个卷积层，每个卷积层都连接一个反卷积层，最终通过各反卷积结果的串联求得特征图

通过组合显著图和字符组件，可以预测文本行候选边界框的位置及方向。然而，这种方法的缺点是其速度比较慢，而无法进行实时处理。此外，有许多与功能相关的因素使该算法不能达到最佳水平，存在误报和缺失字符两种类型的错误，以及不平衡的照明、多方位变换、点状字体、断笔、透视变化和多种语言的混合等因素。

He等人和Zhang等人提出了两项密切相关的研究，他们均采用FCN网络架构，并将检测问题视为分割问题。然而，他们在沿着曲线文本行的任意定向文本行的管理上有所不同，He等人的模型可以对任意定向文本行进行管理，而Zhang所提模型不能。He等人所提的方法以两个网络级联的方式来解决文本检测问题。该算法使用多尺度FCN提取文本块区域，将FCN的输出作为分割阶段的输入，而输入可能由许多单词或文本行组成。

He等人在使用单词实例进行场景文本检测时，单词实例被描述为一条文本行或一个单词，该文本行或单词不能被拆分，但必须要保持可见。为了解决这个问题，该方法让实例感知CNN（IACNN）和文本行CNN（TL-CNN）以级联方式运行，其网络架构如图2.23所示。该算法可以精确定位任意位置的包括曲线文本行在内的文本行或单词。需要注意的是，许多算法架构都无法处理曲线文本行。实验证明该算法的检测性能非常好，在ICDAR 2013和ICDAR 2015上的F测度值分别为85%和63%，在用于评估准确性的基准数据集CUTE80和SVT上的识别率分别为78%和73%。但是，对于文本过于模糊、字符分散在文本行上以及对比度比较低的特定情况，此方法将失效。

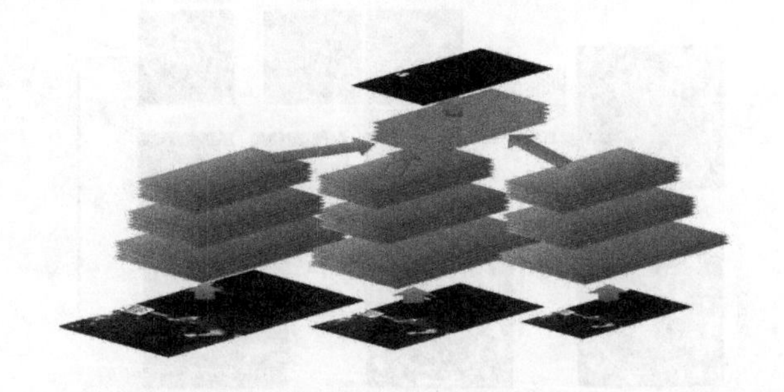

图2.23　FCN架构的多层构建。输入图像的尺寸分别为原图像尺寸的50%、25%和100%，最终将三种尺寸的特征纳入预测过程

TextSnake算法将文本实例表示为一系列相互堆叠的圆盘，每个圆盘都与方向和半径有关，并且位于中心线上。TextSnake可以根据文本实例的变化更改其形状，这些变化主要包括比例、曲度和方向的改变。该算法选择使用VGG-16网络架构，以便与其他算法进行直接对比，其模型示意图如图2.24所示。对于特征融合网络，几个阶段是按顺序分层进行的，每个阶段由一个融合单元组成，该融合单元从最终阶段及匹配的VGG-16网络层获取特征图。

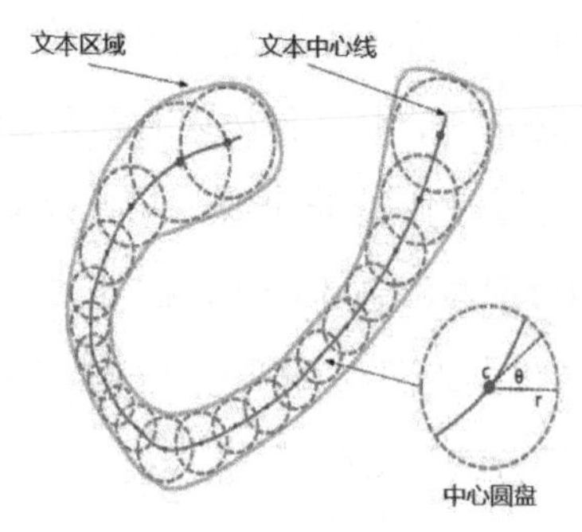

（a）TextSnake的表征示意

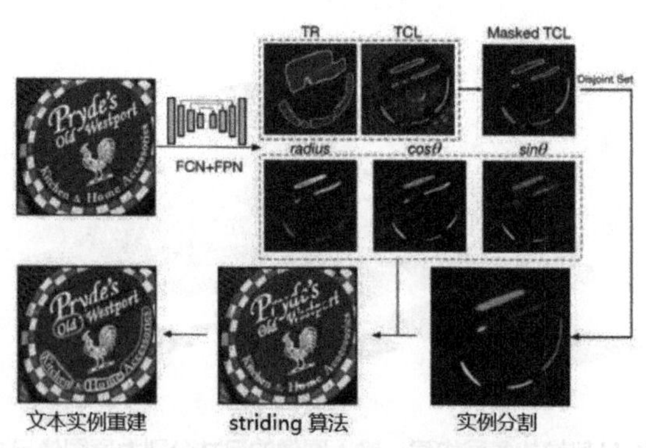

（b）网络输出和后续处理方法框架

图2.24　TextSnake算法模型

从图2.24（a）中可以看出，每个圆盘都位于中心线处，因此这是与方向θ和半径r相关的对称轴或骨架。TextSnake可以精确、详细地描述各种形式的文本，忽略了文本的长度和形状，因此更加通用和灵活。

在TextSnake算法中，FCN网络被用来预测文本中心线和文本区域的得分图。同时也要计算相应的几何属性，如r、$\cos\theta$和$\sin\theta$。由于文本中心线是构成文本区域的一部分，文本中心线的映射被文本区域的映射所掩盖。由于文本中心线彼此不重叠，因此在执行实例分割时采用了断开连接的集合。为了提取中轴点列表，采用了跨步算法，最后，对文本实例进行重组，其过程如图2.25所示。该算法在各种数据集上进行了验证，在Total-Text 和Curved Text CTW1500数据集上的F测度值分别为74.4%和64.4%，在偶然场景文本检测数据库MSRA-TD500和ICDAR 2015上的F测度值分别为78.3%和82.6%。

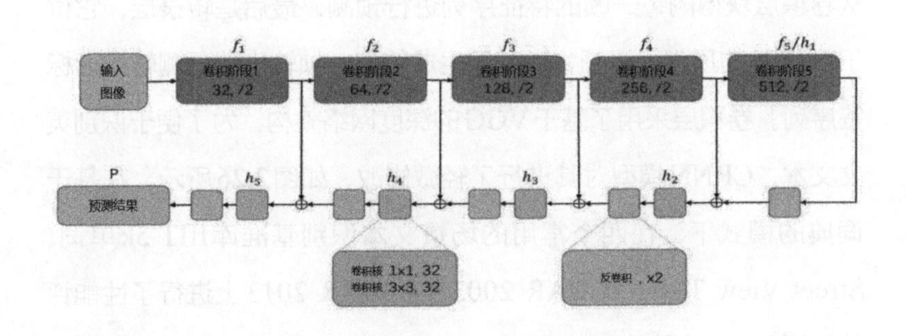

图2.25 Textsnake网络架构示意

该方法中的文本被视为一组局部元素，而不是一个整体目标，然后将这些元素组合起来进行决策。其表征的灵活性被认为是其具有强大通用性的主要原因。文本不被视为一个目标，相反，该表征方法认为每个文本是由几个局部因素组成的，然后将这些局部因素结合起来以做出决定。当构造出完整字符时，其局部属性将保持不变。

3. 场景文本识别

近年来，深度神经网络在场景文本的检测和识别领域占据了主导地位。Shi等人提出了由循环神经网络（Recurrent Neural Network，RNN）和深度卷积神经网络（Deep Convolutional Neural Network，DCNN）组成卷积递归神经网络(Convolutional Recurrent Neural Network，CRNN)。CRNN由三部分组成，从下到上依次是卷积层、递归层和转录层（transcription layer）。底部的卷积层自动对每个输入图像提取特征序列，然后是递归层，它利用从卷积层获得的每一帧的特征序列进行预测，最后是转录层，它位于CRNN的顶部，用于将递归层生成的每一帧输出的预测转换为标签序列。卷积层采用了基于VGG的深度网络架构，为了便于识别英文文本，CRNN模型对其进行了轻微修改，如图2.26所示。在基于词典的模式下，在四个常用的场景文本识别基准库IIIT 5k单词、Street View Text、ICDAR 2003和ICDAR 2013上进行了性能评估，识别率分布为97.6%、96.4%、91.9%和89.6%。

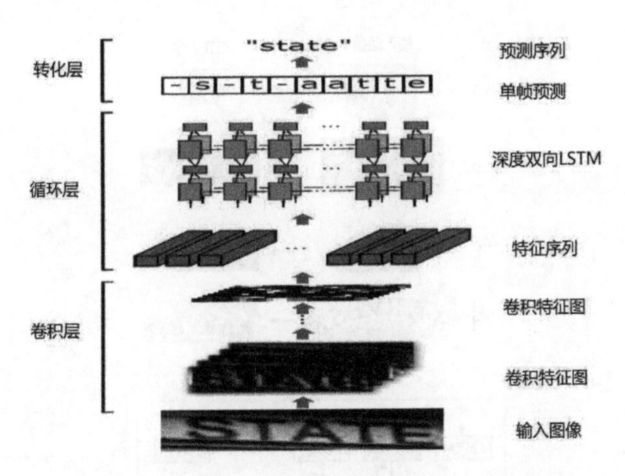

图2.26 CRNN网络结构图。卷积层从输入图像中提取特征序列，循环层预测每帧的标签分布，转录层将每帧预测转换为标签序列

Shi等人介绍了一种具有灵活的矫正功能的注意力场景文本识别器ASTER。ASTER使用综合修改技术处理不规则文本的问题，该模型如图2.27所示，由校正网络和识别网络两部分组成。前者获取输入图像并对其进行校正，以改善其保存的文本。使用的变换是参数化薄板样条曲线TPS。该方法非常灵活，可以处理一系列不规则的文本。TPS可以改善透视文本和曲线文本这两种形式的不均匀文本。为了扩大特征上下文，在特征序列上使用多层双向LSTM即BLSTM网络使特征上下文更大。在两个方向上检查特征序列，从而可以捕获两个方向上的长期依赖关系。ASTER的输出产生一个相同长度的新特征序列。

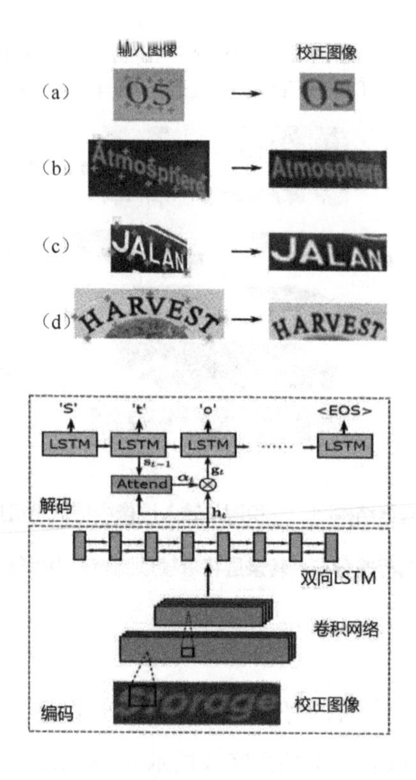

图2.27　TPS转换可以改进不同形式的不均匀文本，例如松散边界文本（a）、定向或感知扭曲文本（b）（c）和弯曲文本（d）

ASTER算法在IIIT5k、SVT、ICDAR 2003、ICDAR 2013、SVTP和CUTE这6个数据集上测试了性能，表2.1详细展示了校正前和校正后的结果。从表中可以清楚地看到，对于每个数据集上的结果，校正后的模型优于校正前的模型，这在SVTP（+4.7%）和CUTE（+3.1%）中非常明显。由于这两个数据集都包含不规则文本，因此纠正后会产生重大影响。

表2.1 校正前和校正后在6个数据集上的识别精度（%）

Variants	IIIT5k	SVT	IC03	IC13	SVTP	CUTE
Without Rect.	91.93	88.76	93.49	89.75	74.11	73.26
With Rect.	92.67	91.16	93.73	90.74	78.76	76.39

注：表中的IC03和IC13分别指ICDAR 2003和ICDAR 2013。

Liu等人提出了通用卷积递归神经网络（CRNN）算法，用于实时识别场景文本。该算法结合了递归神经网络（RNN）和卷积神经网络（CNN）。前者用来提取特征，后者用来对特征序列进行编码和解码。为了提高场景文本识别的准确率，所提的算法采用了CRNN架构。为了获得更有效的特征描述符，该方法对各种更深度的CNN结构进行了实验。尤其是利用VGG和ResNet网络对各种深度模型进行训练，获得图像的编码数据。该方法在使用ResNet和VGG模型提取输入图像的特征，并将特征编码到匹配序列中后，使用BLSTM网络对特征序列进行解码。然后，利用CTC将BLSTM输出序列映射到识别的文本，算法流程如图2.28所示。在公共数据集上的文本识别结果验证了该算法的有效性。在4个数据集上的识别率分别是ICDAR 2003-91.5%、ICDAR 2013-88.7%、SVT-82.8%和IIIT5K-82%。

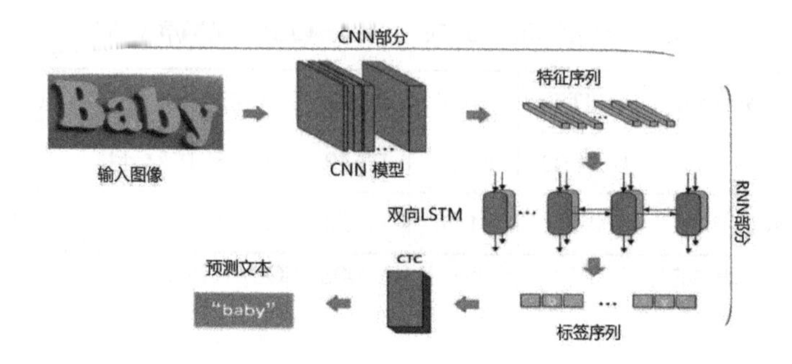

图2.28 通用卷积递归神经网络模型。首先使用CNN提取特征；然后将其编码为特征序列；随后，通过BLSTM对特征序列进行解码，并输出标签序列；然后CTC层将标签序列映射为单词；最后获得识别结果

4. 端到端场景文本检测和识别

Jaderberg等人提出了端到端运行的包含了检测和识别两个分离步骤的文本识别系统。对于文本检测，首先利用Zitnick等人提出的边缘框区域算法，以滑动窗口的方式计算跨尺寸和纵横比的边缘图。然后利用Dollár等人提出的弱聚合通道特征检测器ACF在滑动窗口上聚合通道特征，以获得六通道的定向梯度直方图，继而使用AdaBoost进行分类。CNN架构的5个卷积层和3个全连接层则用于识别阶段，如图2.29所示。该算法使用由约90000个单词组成的单词词典进行分类，由最后全连接层执行分类工作。Jaderberg等人使用合成数据引擎创建了一个包含900万个32像素 × 100像素的图像数据集，该数据集从包含了90000个单词的词典中获得了同等数量的单词样本。该端到端的文本识别算法在ICDAR 2003、ICDAR

2011、ICDAR 2013和SVT上的识别率分别为86%、76%、76%和53%。

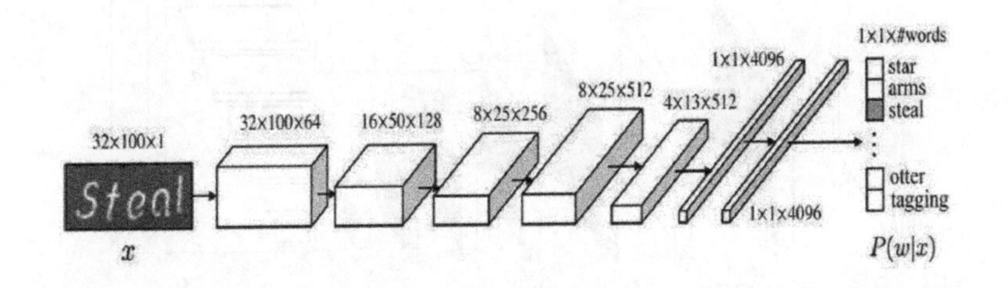

图2.29　基于CNN的通过单词分类进行文本识别的网络架构示意。图中清楚地显示了各网络层的特征图的尺寸

与Jaderberg等人和Zhang等人的工作不同，Liao等人提出了TextBox++算法，该算法包括三个检测阶段，每个检测阶段还包括一个以上的算法。这是一个基于单词的场景文本检测系统，需要训练一个端到端的网络。它涉及修改VGG-16的最后两个全连接层以形成卷积层，然后添加卷积层和池化层。由于相比一般的目标，单词通常具有较大的纵横比，因而采用了指示默认框的六个纵横比。此外，使用五种尺寸来改变输入图像的尺寸。随后，CRNN被集成到算法中以支持端到端带文本框的文本识别。该算法的架构如图2.30所示。为了评估TextBoxes的性能，Liao等人在ICDAR 2011和ICDAR 2013数据集上进行了实验，结果表明，TextBoxes在两个数据集上都获得了86%的识别率，采用端到端的文本检测算法在ICDAR 2013数据集上获得了84%的识别率。实验结果显示，TextBoxes无法处理一些比较困难的情况，例如曝光过度或字符间距过大。

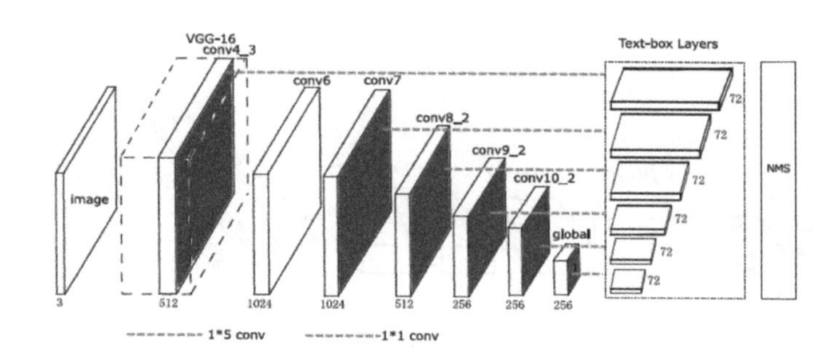

图2.30 TextBoxes架构示意。TextBoxes是由28个网络层组成的卷积网络。VGG-16网络中包含13个，在VGG-16层之后添加9个额外的卷积层，卷积层中有6层附加了text-box层。每个text-box层预测每个特征图位置上的72维向量。所有text-box层的所有输出组合都采用了非最大抑制

Lyu等人提出了一种包含4个部分的文本检测算法，其网络架构如图2.31所示。该架构的主干构成了特征金字塔网络（Feature Pyramid Network，FPN）。该算法首先由区域提议网络（Region Proposal Network，RPN）生成许多初始的文本候选区域；将RoI特征输入掩模分支和快速R-CNN分支，通过快速R-CNN进行边界框回归，将产生精确的文本候选框，用掩码分支实现字符与文本实例的分割，产生字符分割图和文本实例分割图；最后，利用预测图产生文本实例边界框和文本序列。该算法在各公共数据集上进行了大量测试，并使用F测度值对其性能进行了评估，在各个数据集上的测试结果如下：对于水平文本集ICDAR 2013，其F测度值为86.5%，对于定向文本集ICDAR 2015，其F测度值为62.4%，对于弯曲文本集Total-Text，其F测度值为71.8%。

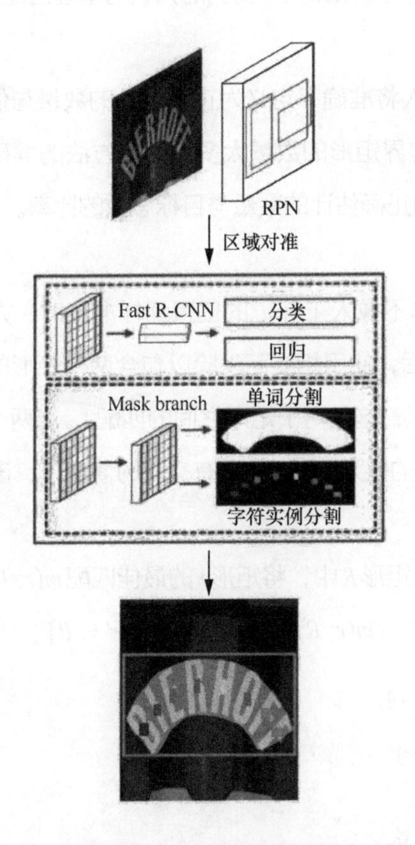

图2.31　FPN文本检测模型

2.4 文本检测和识别的评价指标

数据集为图像中可用的文本提供了基准图像。不同算法性能的比较通常是指对比它们的准确率、召回率和 F 测度值得分。要计算这些性能指标，应将预测文本实例的列表与基准匹配。

Mosleh等人将准确率定义为正确估计的数量与估计的总数的比率。如果文本边界矩形的数量太多，则该方法的准确率较低。而召回率则被定义为正确估计的数量与目标总数的比率。

当定位文本不像人工标记的位置那样准确时，方法的召回率就较低。 在此之后，使用相交面积除以包含两个矩形的最小边界框的面积，称为“m”，这是两个矩形之间的匹配。 当两个矩形之间存在精确交点时，m的值为0，而在没有交点的情况下，该值为1。

因此，一组矩形R中，将矩形r的最佳匹配$m(r; R)$定义为：

$$m(r; R)=\max \{m_p(r, r')|r' \in R\}$$

召回率表示为：

$$\frac{tp}{tp+fn}$$

准确率表示为：

$$\frac{fp}{tn+fn}$$

tp表示正样本的数量（正样本被归类为正样本的数量）；tn表示负样本数（负样本被归类为负样本的实例数）；fp表示误报数（负样本数归为正样本数）；fn表示假阴性的数量（正样本被归类为负样本的实例数）。

F测度值是准确率（Precision）和召回率（Recall）的一个调和平均值，计算公式如下：

$$\text{F-Measures}=\frac{(1+\alpha)\times \text{Precision}\times \text{Recall}}{\alpha\times \text{Precision}\times \text{Recall}}$$

其中α是一个调和参数，用来调节准确率和召回率在评价体系中的相对重要程度，一般可以取$\alpha=0.5$。

此外，ROC曲线是表示二元分类器系统诊断能力的图形。ROC 曲线是通过在不同阈值设置下绘制真阳性率（TPR）与假阳性率（FPR）来创建的，其中真阳性率（TPR）作为Y轴，假阳性率（FPR）作为X轴。ROC曲线说明了敏感性和特异性之间的权衡（敏感性增加导致特异性降低）。曲线下面积可以用来衡量一个实验的准确性：面积为1代表实验完美，0.5代表实验无价值。

2.5 文本检测和识别的数据集

本节主要介绍研究者们提供的各种公开的文本检测和识别数据集。

2.5.1 ICDAR数据集

ICDAR数据集是国际文件分析与识别会议（ICDAR）引入的

标准数据集，并按年份标记。下面列出的所有数据集都是场景文本数据集，包含场景的高分辨率图像（平均值为940像素×770像素），其中包含可变数量的文本。这些图像是用一系列摄像机在城市地区拍摄的，带有不同程度的注释。许多图像在不同年份的ICDAR数据集之间共享，包括跨训练和测试分割，因此在一年的训练数据集上进行训练时必须小心。

ICDAR 2003（IC03）。包含181幅训练图像和251幅测试图像，带有单词级和字符级边界框及其区分大小写的转录。图2.32所示为其中的一幅实例图。Wang等人2011年另外定义了每幅图像词典，以限制测试图像的识别输出。IC03-50表示IC03数据集中每幅图像的小词库约为50个单词，IC03 Full表示IC03数据集中563个测试单词的所有图像共享一个词库。当用于评估时，词典约束数据集（如IC03-50或IC03 Full），将识别问题简化为从词典定义的短名单中选择正确的基准单词，而在没有词典（如IC03）的情况下，则没有短名单可供选择。

图2.32 ICDAR 2003数据集实例

ICDAR 2005（IC05）。包含1001幅训练图像和489幅测试图像，以及单词和字符级别的边界框和区分大小写的标签。

ICDAR 2011（IC11）。包含229幅训练图像和255幅测试图像，以及单词和字符级别的边界框和区分大小写的标签。

ICDAR 2013（IC13）。包含229幅训练图像和233幅测试图像，带有单词和字符级别的边界框和区分大小写的标签。ICDAR 2013数据集为每张图片提供了单词的边界框的标注，每张图片都有属于自己的标注txt文件。以一幅单独的图像为例，标注文件每一行代表一个文本目标，前4个数字为坐标信息（x_1, y_1, x_2, y_2），两组（x, y）值分别代表文本框的左上和右下点，目标框为矩形。最后一列是文本的字符内容，如果字体模糊，则用“###”表示。具体如图2.33所示。

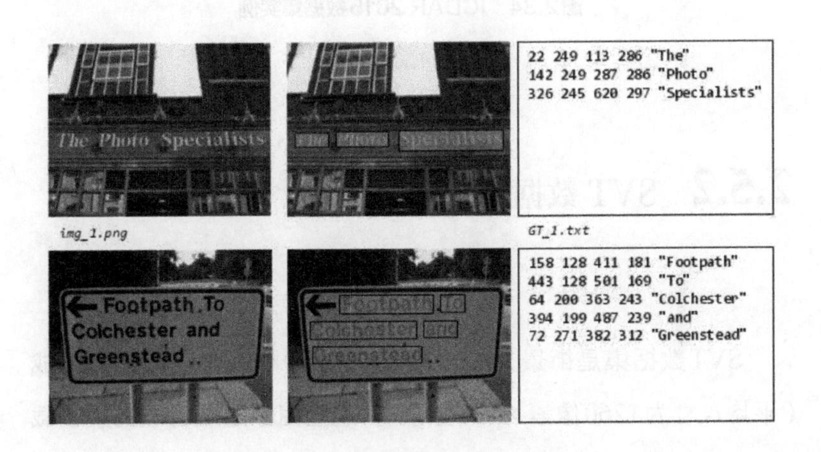

图2.33　ICDAR 2013数据集实例

ICDAR 2015和ICDAR 2013数据集类似，只是文本框的格式由矩形框变成四边形，所以写有标签的txt文本前4个数字变为8个数字，代表四边形文本框的四个点，其他规则一样。具体如图2.34所示。它包含大量偶然的场景文本图像。从数据集中裁剪2077个文本图像块用于文本识别任务，其中大量裁剪的场景文本具有透视和曲率失真。

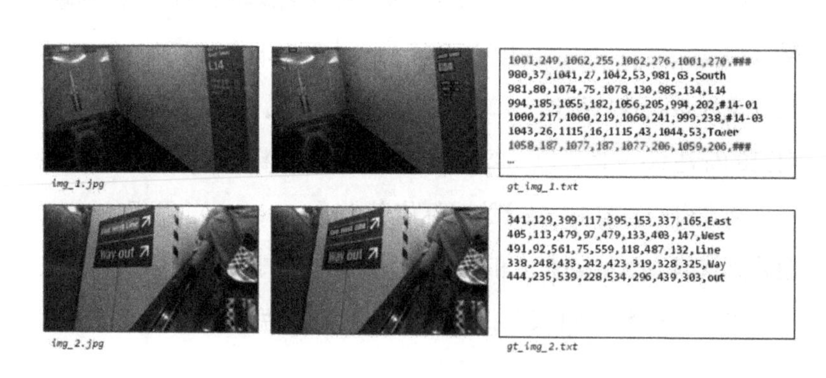

图2.34　ICDAR 2015数据集实例

2.5.2 SVT数据集

SVT数据集是街景文本数据集，由349幅高分辨率图像组成（平均尺寸为1260像素×860像素），这些图像是从谷歌街景下载的，如图2.35所示。训练集包含100幅图像，测试集包含249幅图像。其中只有单词级边界框提供了不区分大小写的标签。需要注意的是，有许多单词尚未注释。这是一个具有挑战性的数据集，图像有很多噪音，因为图像中的大部分文本都是与商店招牌相关，所以有各种各样的字体和图形样式。此外，数据集中的每幅图还提供了50个单词词典（SVT-50）。

图2.35 SVT数据集实例

2.5.3 IIIT数据集

IIIT数据集来源于国际信息技术研究所（IIIT），数据集中的图像是通过Google搜索收集的。

IIIT 5k单词（IIIT5k）。这是一个文本识别数据集，包括5k图像，每幅图像都带有不区分大小写标签的场景文本的裁剪单词，因此数据集仅用于裁剪单词识别，如图2.36所示。

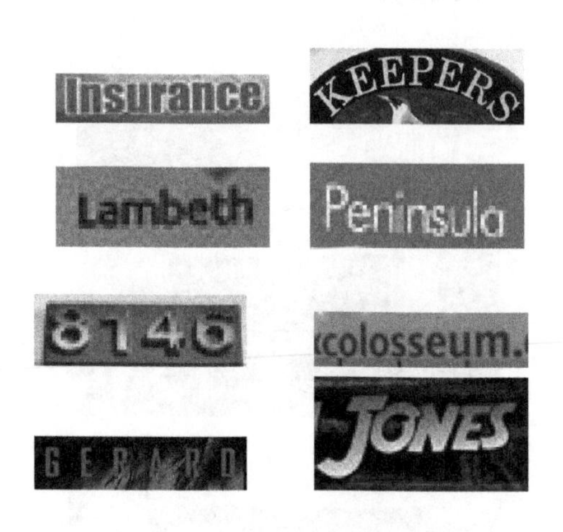

图2.36　IIIT5k数据集实例

IIIT场景文本检索数据集（STR）。这是一个基于文本的图像检索数据集，共有50个查询词，每个词都有一个包含查询词的10~50幅图像的关联列表。数据集还包含大量没有从Flickr下载文本的干扰图像。数据集中总共有10万幅图像，主要是城市和路边场景。由于没有提供本地化注释（单词或字符边界框），因此数据集用于检索评估。

IIIT Sports-10k（体育）数据集。这是另一个基于文本的图像检索数据集，它是由体育视频片段的帧构造而成的。图像的分辨率较低（通常是480像素×360像素或640像素×352像素），并且由于摄像机的移动，图像经常会产生噪音或画面模糊，而且文本通常位于广告和招牌上，这使得检索任务具有挑战性。此数据集提供10个查询词，共10k图像，无任何本地化注释。

2.5.4 KAIST数据集

KAIST数据集由3000幅室内和室外场景图像组成，其中包含文本，并混合了高分辨率（1600像素×1200像素）的用数码相机拍摄的照片和低分辨率（640像素×480像素）的用手机拍摄的照片。数据集提供了单词和字符边界框以及字符分割图，单词是英语和韩语的混合体，但是并非所有文本实例都有标签。

2.5.5 CTW数据集

CTW数据集包含32285幅图像(来自于腾讯街景)，共计有1018402个中文字符，包含平面文本、凸起文本、城市文本、乡村文本、低亮度文本、远处文本、有遮挡文本等，如图2.37所示。图像分辨率为2048像素×2048像素，数据集大小为31GB。以“8：1：1”的比例将数据集分为训练集（25887幅图像，812872个汉字）、测试集（3269幅图像，103519个汉字）和验证集（3129

幅图像，103519个汉字）。

图2.37　CTW数据集实例

2.5.6 RCTW-17数据集

RCTW-17数据集包含12263幅图像，其中训练集8034幅，测试集4229幅，大小共11.4GB。大部分图像由手机拍摄，含有少量的屏幕截图，图像中包含中文文本与少量英文文本，图像分辨率高低不均，如图2.38所示。

图2.38 RCTW-17数据集实例

2.5.7 ICPR MWI 2018数据集

此数据集由ICPR MWI 2018大赛提供的20000幅图像构成，其中50%作为训练集，50%作为测试集。主要由合成图像、产品描述图片、网络广告图片构成。该数据集数据量充分，中英文混合，涵盖数十种字体，字体大小不一，版式多样，背景复杂，如图2.39所示。数据集大小为2GB。

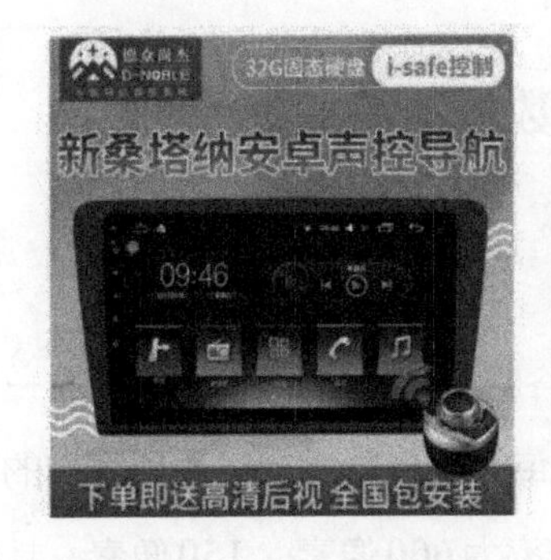

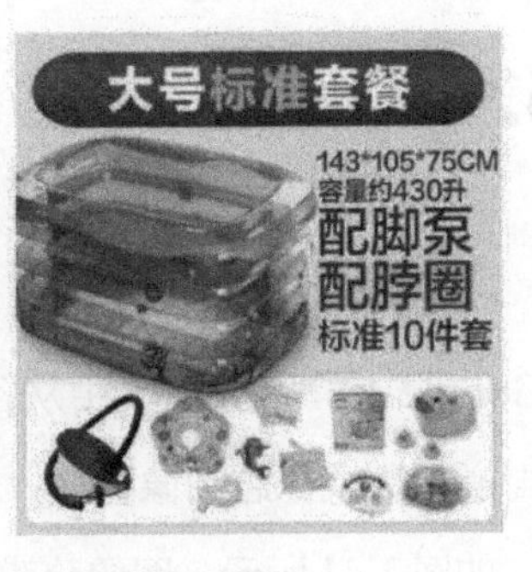

图2.39 ICPR MWI 2018数据集实例

2.5.8 Total-Text 数据集

Total-Text数据集共1555幅图像，11459文本行，包含水平文本、倾斜文本和弯曲文本。文件大小为441MB。其中大部分为英文文本，少量为中文文本，如图2.40所示。训练集有1255幅，测试集有300幅。

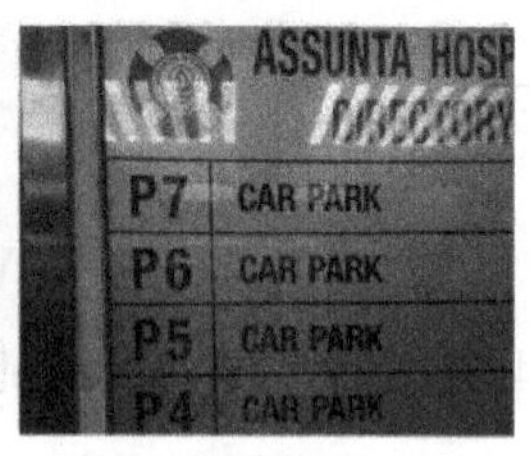

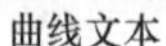

曲线文本　　多方向文本　　水平文本

图2.40　Total-Text数据集实例

2.5.9 Google FSNS 数据集

Google FSNS数据集由从谷歌法国街景图片上获得的一百多万幅街道名称或标志图像构成，每一幅包含同一街道标志牌的不同视角，如图2.41所示，图像分辨率为600像素 × 150像素。其中训练集有1044868幅，验证集有16150幅，测试集有20404幅。

图2.41 Google FSNS数据集实例

2.5.10 COCO-TEXT数据集

COCO-TEXT数据集，包括63686幅图像，173589个文本实例，包括手写版和打印版，清晰版和非清晰版，如图2.42所示。数据集大小为12.58GB，其中训练集有43686幅，测试集有10000幅，验证集有10000幅。

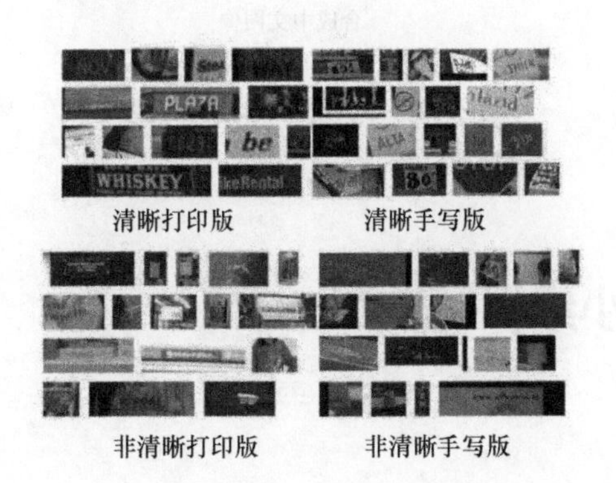

图2.42 COCO-TEXT数据集实例

2.5.11 Synthetic 数据集

Synthetic数据集是在复杂背景下使用算法合成的自然场景文本数据，如图2.43所示。包含858750幅图像，共7266866个单词实例，28971487个字符，数据集大小为41GB。该合成算法，不需要人工标注就可知道文字的label信息和位置信息，可得到大量自然场景文本标注数据。

合成英文图像

合成中文图像

图2.43　Synthetic数据集实例

2.6 小结

作为交流与协作的重要工具，文本在现代社会中发挥着前所未有的重要作用，因此自然场景中的文本检测与识别成为计算机视觉和文档分析领域重要而且活跃的研究课题。当前，关于场景图像和视频中的文本检测与识别涌现了大量的研究成果。关于文本检测和定位的方法大致可分为3类：基于连接组件的方法、基于纹理的方法和基于深度学习的方法。其中，基于连接组件的方法中最具代表性的方法是MSER和SWT，它们是各种最先进的方法的基础。随着深度学习的快速发展，现在大量的方法采用神经网络并获得有竞争力的性能。此外，面向多个方向的文本检测也吸引了更多人的目光，因为它更具挑战性和实用性。还有许多方法将文本识别问题视为序列识别任务，与文本检测或识别相比，端到端系统更具挑战性，但更有实用价值。尽管一些基于机器学习的方法在具有挑战性的情况下取得了有竞争力的结果，但提取比通过深度学习获得的更抽象的特征并不容易。关于阅读场景文本的研究从基于深度学习的方法中受益匪浅。

基于融合网络的 TSFnet 模型
基于融合网络的
TSFnet 模型
第
3
章

3.1 问题形成

基于回归的模型在部分数据集上取得了较好的效果。然而，在实际应用中，训练数据类别分布不均衡对基于回归策略的模型的性能造成很大影响。当不同类别训练数据量相差较大时，容易引起归纳偏置问题，直接影响了该类模型的效果。同时，此类模型对光照条件和噪声敏感，这使得它们适用的任务场景有限。

基于分割的模型优势在于，对于尺寸较小的样本，即使输入存在一些干扰也可以实现正确分类。然而，该类模型难以学习像素点之间的关联信息。由于信息的提取完全依赖于卷积操作，基于分割思想的模型很难关联卷积核外的语义信息，导致模型对于分布密集的样本分类效果比较差。同时，受限于卷积核感受野的问题，该类模型对于长宽比数值较大的目标难以分类。引入特征金字塔结构后，虽然一定程度上缓解了此类问题，但在特征图下的采样过程会造成一定程度的信息丢失，同样会引起较大的误差。

两阶段模型若第一阶段对候选区域的选择出现较大误差，直接影响第二阶段的语义分割等操作。如果候选区域面积较小且存在噪声干扰，在池化提取特征点时可能无法提取到有效的特征点，导致模型的假阳性率偏高。

为了解决上述模型存在的问题，本文提出了TSFnet。主要特征如下。

第一，将基于回归的模型和基于分割的模型相结合，结合区域建议网络实现对文本区域的高精度预测。

第二，提出了损耗平衡因子（Loss Balance Factor，LBF）来支持检测流的优化。损耗平衡因子由计算得到。判别流由全卷积网络组成。在判别流中，我们使用特征金字塔网络来提取判别图，同时计算LBF。

第三，设计了一种新颖的算法来融合两个流的输出。该算法可以对检测流得到的检测结果进行筛选，并忽略置信度低的预测区域同时保留置信度高的预测区域，最终获得预期的检测结果。

3.2 相关研究

近年来，相关领域的研究人员做了大量的研究工作。在2010年之前，大部分文本检测算法都基于传统的图像处理算法，例如，MSER通过遍历灰度图获取最稳定极值区域；还有基于笔画宽度变换的SVT算法，该算法认为文本的笔画都有固定的宽度，利用这一特性并结合几何推理将构成文本的像素从背景中分离。

深度学习出现后，涌现了大量基于深度学习模型的场景文本检测算法。基于深度学习的文本检测算法模型可以分为3类：基于回归的模型、基于分割的模型和两阶段检测模型。

3.2.1 基于回归的模型

基于回归的模型受传统的目标检测任务启发，通过卷积和线性回归等策略预测文本区域关键点的坐标。CTPN是在ECCV 2016提出的一种文字检测算法。CTPN结合CNN与LSTM深度网络，能有效地检测出复杂场景的横向分布的文字。CTPN算法基于Faster R-CNN模型，并加入RNN（时序网络模型）获取上下文信息。Zhou等提出了分数图，通过全卷积网络来预测文本区域。在SSTD中，以全卷积层为框架，通过固定大小的卷积核按比例下采样获得不同尺寸的特征图，然后利用全连接层回归得到文本区域的坐标。在RRD中，通过预测4个点坐标的偏移量来检测倾斜文本，采用ORN网络提取对旋转敏感的文字特征，然后在分类分支增加最大池化操作来提取分类不敏感的特征。Liao等在Faster RCNN的基础上引入旋转候选框实现对文本坐标的精确回归。

3.2.2 基于分割的模型

基于分割的模型将文本检测问题视为对文本区域的实例分割，此类模型以完全卷积网络（FCN）为框架，对输入图像的像素点进行分类。

在Seglink中，模型首先通过检测器生成文本区域的切片，这些切片可能是一个字符，也可能是一个单词或几个字符。对于每个切片预测链接分数，链接算法结合链接分数将切片组合成完整的文本区域。

在PixelLink中，集成了多层深度卷积模型来直接预测每个像素点的类别。PixelLink首先对模型预测的像素分类和连通区域分类，分别使用2个不同的阈值进行阈值化操作，然后基于联通区域的分类，将孤立的像素点连接成连通域，并使用OpenCV自带的连通域算法获得连通区域，这些连通区域就是算法预测的文本区域。

TextSnake提出了用文本蛇的检测方式来预测不规则文本区域。在计算过程中，算法先找到文本的两个端点和边线，然后通过折半查找的方式寻找文本的中心点。TextSnake将文本区域表征为以对称轴为中心的有序的、重叠的圆盘序列从而对弯曲文字进行建模，并结合VGG-16模型实现对文本区域的语义分割。

3.2.3 两阶段检测模型

两阶段检测模型将目标检测分为两个阶段。第一阶段，通过基于回归的模型提取可能存在目标的候选区域。第二阶段，对这些候选区域进行细分等处理。在Mask RCNN出现之后，部分两阶段检测模型与基于分割的模型相结合，在第一阶段利用区域建议网络（Region Proposal Networks，RPN）获得候选区域，然后对获得的候选区域进行语义分割等操作。

在MaskSpotter中，第一阶段，通过卷积网络提取特征图并获得可能存在目标的候选区域；第二阶段，模型在已有候选区域的基础上做线性回归和语义分割得到目标的精确位置，该模型可以检测任意形状的文本并实现文本的实例分割。SLPN引入了水平和竖直的均匀滑动线与文本的多边形的交点的纵/横坐标的回归策略，得到包含文本区域的多边形。

两阶段检测模型对目标能够实现较精确的定位。其在第一阶段存在“先验”的过程，可以排除部分背景区域，且在候选区域提取特征点的时候是按照候选区域的大小，按比例提取固定数量特征点。因此提取的特征中始终保留有一定的空间信息，这些空间信息有助于精确定位大尺寸文本。

3.3 TSFnet 模型介绍

TSFnet模型由三部分组成：检测流、判别流和融合流，如图3.1所示。在检测流中，通过骨干网络和区域提议网络获取特征图和文本候选区域。然后，引入回归网络预测文本坐标和概率分数，采用分割网络预测文本全局分割图。在判别流中，采用特征金字塔网络提取判别图。同时，根据其训练结果参数，计算损失平衡因子用以优化对检测流的训练。最后，在融合流中，用一种新的融合算法，将两个分支结果融合在一起，实现文本的精确定位。

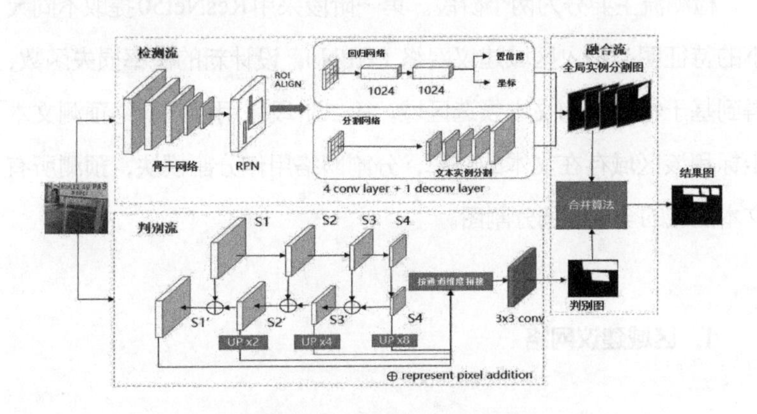

图3.1 TSFnet流程图

针对该框架，本书分别介绍各阶段训练策略。各阶段训练策略如下。

在第一阶段，并行训练判别流和检测流。

在第二阶段，利用判别流输出的判别图计算损失平衡因子（LBF），LBF用于支撑检测流训练区域建议网络（RPN）。

在第三阶段，继续训练检测流，直到完成整个训练过程。

3.3.1 检测流

检测流主要分为两个阶段。第一阶段采用ResNet50提取不同大小的特征图。引入区域建议网络（RPN），设计新的概率损失函数，得到基于特征图的文本候选区域。第二阶段采用回归网络预测文本坐标和该区域存在文本的概率，分割网络用作分割模块，预测所有文本区域的全局实例分割图。

1. 区域建议网络

区域建议网络（RPN）的作用是生成候选区域。在该阶段，设定n种不同的矩形框依次对应骨干网络按比例下采样生成特征图。通过对特征图的卷积和全连接映射操作，判断这些候选框内存在目标的概率并得到候选框相对真实框的偏移量。然后选择概率高的候选框以偏移量为基准对候选框长宽进行调整后得到精确的候选区域，在候选区域对应的特征图上进行ROI Align。ROI Align操作预先设定好采样得到的特征点数量，然后按比例在某个固定大小的矩形区域采样，采样得到的特征点的像素值通过双线性插值法确定。经过此过程后得到特征图。

为了平衡训练样本的类别分布差异，本书设计了新的RPN的概率损失函数。在第一阶段，损失函数是二进制交叉熵损失，如公式（3.1）所示。

$$L = -\frac{1}{N}\sum_{k=1}^{N}[\,y_i \times \ln p_i + (1-y_i) \times \ln(1-p_i)] \tag{3.1}$$

式中：p_i为输出，y_i为p_i的标签；如果为负样本，则y_i的值为0，否则为1。

在第二阶段，引入损失平衡因子（LBF）调整RPN训练过程中不同样本的权重。首先，对于所有参与训练的样本，按照正负样本数量比给正负样本加权。对于所有正样本，将在判别流中未能正确分类的正样本视为困难正样本，能够正确分类的视为简单正样本。对于困难正样本，利用LBF增大模型对此类样本的注意力。损失函数如公式（3.2）所示。

$$L_{rpn} = W_P \times L_P + W_N \times L_N \tag{3.2}$$

$$W_P = \frac{N_N}{N} \tag{3.3}$$

$$W_N = \frac{N_P}{N} \tag{3.4}$$

式中：L_P为正样本的损失函数值，L_N为负样本的损失函数值，W_P表示正样本权重,W_N表示负样本权重，N表示所有参与计算的样本总数，

N_P为正样本数量，N_N为负样本数量，L_P的计算方式如公式（3.5）所示。

$$L_P = \lambda \times L_{NF} + (1-\lambda) \times L_{NT} \tag{3.5}$$

式中：L_{NT}表示与简单正样本相匹配的正样本的损失函数值，L_{NF}表示与困难正样本相匹配的正样本的损失函数值；λ为损失平衡因子，由判别流的输出和它的训练标签计算得到，计算方法见公式（3.9）。

2. 回归网络

回归网络由两个全连接层组成。该部分的输入为RPN得到的特征图。经过两次全连接层的线性映射后，RPN得到的候选框得到进一步细分的同时对候选框进行微调，最后该部分输出目标区域的坐标和该区域存在目标的置信度。

对于候选框的微调，使用$smooth_{L1}$函数作为损失函数，如公式（3.6）所示。式中x为模型预测值与真实值之差。

$$smooth_{L1(x)} = \begin{cases} 0.5x^2 & \text{if } |x|<1 \\ |x|-0.5 & \text{otherwise} \end{cases} \tag{3.6}$$

3. 分割网络

分割网络由三个3×3卷积层和一个反卷积层组成，该部分的输入为RPN得到的特征图。经过3个3×3全卷积和一个有上采样功能的反卷积后，得到特征图，二值化后得到全局实例分割图。该部分损失函数如公式（3.7）。

$$L_{feature} = \frac{1}{N}\sum_{n=1}^{N}[y_n \times \log(S(g_n)) + (1-y_n) \times \log(1-S(g_n))] \quad (3.7)$$

式中：N为特征图上像素点的数量，g_n是分割网络的输出，y_n是训练标签，S是sigmoid函数。

3.3.2 判别流

判别流的主要作用是计算损失平衡因子（LBF）。同时，实现对小样本的检测，弥补检测流的短板。判别流的骨干部分采用特征金字塔结构，它可以在不改变卷积核大小的情况下增加卷积核的感受野。为了缓解下采样过程中造成的空间信息丢失的问题，模型加入了上采样过程。

判别流骨干部分由4个卷积层组成，每层有256个3×3大小的卷积核，分别生成相对于输入图像下采样的1倍、2倍、4倍和8倍的特征图。最后将每层得到的特征图以输入图像为标准，上采样到相同大小然后按通道维度拼接，再经过一个3×3大小的卷积核的全卷积操作后得到判别图。该过程可以获得两个主要输出：判别图和损失平衡因子。判别图二值化得到二值判别图。整个过程如图3.2所示。

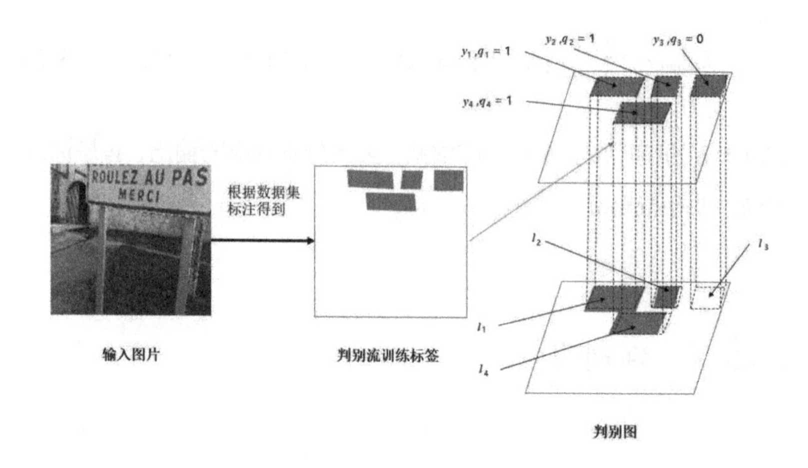

图3.2　判别图和判别流训练标签示意

在这个过程中，算法引入了重叠率的概念。基于判别图和对应标签计算重叠率。由全卷积网络的特性可知，经过一定训练的判别流可以正确分类一些小尺寸和尺寸适中的正样本。以重叠率为标准，判断某个正样本是否被判别流分类正确。将判别流分类正确的正样本归为简单正样本，将判别流分类错误的正样本归为困难正样本。我们根据困难正样本和简单正样本的数量比计算损失平衡因子。在检测流训练过程中，给困难正样本加上损失平衡因子，使检测流关注困难正样本。

我们采用 dice loss 作为判别流的损失函数：

$$L_{juclge\ \mathrm{map}}=1-\frac{2\sum_{x,y}(J_{x,y}\times Y_{x,y})}{\sum_{x,y}J_{x,y}^{2}+\sum_{x,y}Y_{x,y}^{2}} \tag{3.8}$$

式中：J表示判别流输出的判别图，Y表示判别流训练时的标签，该标签是一个全局实例分割图像，它是通过在初始化所有元素的值为0的矩阵上绘制所有文本多边形并将多边形区域内所有像素点的值设为1而生成的；$J_{x,y}$和$Y_{x,y}$分别代表J和Y上坐标为（x, y）的像素点的像素值。

损失平衡因子（LBF）的计算方式如下：

$$\lambda = \max\left(\frac{1}{n}\sum_{i=1}^{n} q_i, 1-\frac{1}{n}\sum_{i=1}^{n} q_i\right) \tag{3.9}$$

$$q_i = \begin{cases} 0 & \text{if } \alpha_i < \text{Threshold} \\ 1 & \text{if } \alpha_i \geqslant \text{Threshold} \end{cases} \tag{3.10}$$

$$\alpha_i = \frac{\sum_{p=0}^{H_i-1}\sum_{q=0}^{W_i-1} y_i(p, q) \times l_i(p, q)}{\sum_{p=0}^{H_i-1}\sum_{q=0}^{W_i-1} y_i(p, q)} \tag{3.11}$$

$$(i = 1, 2, \cdots, n)$$

λ代表损失平衡因子，n为判别流训练标签上的前景区域数量，q_i是文本区域的标签，计算方法如公式（3.10）所示。如果q_i等于1，该文本区域视作被判别流检测到，否则视为未被检测到。α_i是重叠率。$Y=\{y_1, y_2, \cdots, y_n\}$表示二值图像集合，$y_i$是以文本区域的最小外接四边形为边缘，从判别图训练标签上获得的二值图像。这些二值图像通过训练数据内相关的标注直接获得。在判别图上的相同位置提取相同大小的矩形区域得到$L=\{l_1, l_2, \cdots, l_n\}$，$H_i$和$W_i$表示$y_i$的高和宽。$y_i(p, q)$和$l_i(p, q)$分别代表在$y_i$和$l_i$上坐标$(p, q)$的像素点的像素值。

3.3.3 融合流

在融合流中，本书提出了一种新的融合算法以融合检测流和判别流的结果。该过程主要利用全局实例分割图、判断图、置信度和重叠率获得整个网络的最终输出结果图。这个过程融合了两个流的优点，得到了较理想的结果。

融合流具体的流程如下。

首先，执行低概率区域抑制。在该阶段，删除与判别图重叠率低的小目标预测结果，并删除概率得分低于阈值的大区域预测结果。然后，执行重叠矩形抑制。在此阶段，算法删除重叠的预测结果。最后，获得最终的输出结果图。结果图是和输入模型的图片尺寸相同的二值图，如果某个像素点被模型预测为属于文本区域,则其像素值是1，否则为0。流程如图3.3所示。

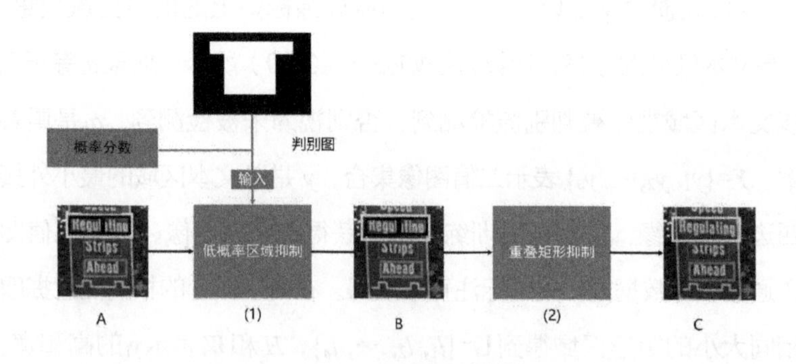

图3.3 融合流的流程

定义全局实例分割图集合$C=\{c_1, c_2, \cdots, c_n\}$和置信度集合$P=\{p_1, p_2, \cdots, p_n\}$，二者均由检测流输出得到，其中$c_i$是二值图像，大小和输入框架的图像相同。结果图的计算过程如下：

$$S_{out}=\sum_{i=1}^{n} S_i \tag{3.12}$$

$$s_i=\begin{cases} c_i & \text{if } \delta_i \geqslant T_1, f(c_i) \leqslant T_3 \\ & \text{if } p_i \geqslant T_2, f(c_i) > T_3 \\ zeros\,(H, W) & \text{if } \delta_i < T_1, f(c_i) \leqslant T_3 \\ & \text{or } p_i < T_2, f(c_i) > T_3 \end{cases} \tag{3.13}$$

$$\delta_i=\frac{\sum_{p=0}^{H-1}\sum_{q=0}^{W-1} c_i(p, q)\times j(p, q)}{\sum_{p=0}^{H-1}\sum_{q=0}^{W-1} c_i(p, q)} \tag{3.14}$$
$$(i=1, 2, \cdots, n)$$

其中f为计算输入二值图像前景区域面积的函数。j表示判别图。$c_i(p, q)$和$j(p, q)$分别表示在c_i和j上坐标(p, q)的像素点的像素值。H和W分别表示高和宽。T_1、T_2、T_3是对应的阈值，最后得到S_{out}。S_{out}将所有像素值大于1的像素点值归一化到1后得到结果图。通过融合算法，抑制了检测流输出的假阳性结果，同时剔除了可能出现重叠的预测区域。

3.4 实验

3.4.1 评价指标

算法的具体评价指标为准确率、召回率和F测度值。三个指标的计算公式依次为公式（3.15）、公式（3.16）、公式（3.17）。公式中的TP、FP和FN分别代表正确分类文本区域的输出结果的数量、被识别为文本区域的背景的数量以及未被检测到的文本区域数量。利用检测结果与真实值的交并比（IOU）进行目标检测性能的评估，如果模型输出的结果与任意的真实文本区域的IOU大于0.5，就可以认定该结果属于TP，否则属于FP。没有任何输出结果与其IOU超过0.5的真实文本区域属于FN。

为了证明损失平衡因子的有效性以及双流网络的有效性，我们展示了检测流、判别流单独运行时的结果，检测流只加入损失平衡因子无融合流的情况下模型的测试结果以及TSFnet无损失平衡因子的检测结果，同时对比了其他的关注困难样本和尺寸问题的文本检测模型。图3.4所示为部分困难样本检测效果对比图。一般情况下，模型需要让TP尽可能多而FP、FN尽可能少。

$$P=\frac{TP}{TP+FP} \tag{3.15}$$

$$R=\frac{TP}{TP+FN} \tag{3.16}$$

$$F=2\times\frac{P\times R}{P+R} \tag{3.17}$$

图3.4 模型效果对比示意

3.4.2 参数设置

为了验证算法的有效性，将该算法与多种最新模型进行比较，在国际通用标准数据集ICDAR 2015和ICDAR 2017- MLT上进行实验，并分析实验结果。

模型采用随机梯度下降算法进行训练。在训练阶段，RPN和回归网络的批处理大小分别设置为256和512，分割网络的批处理大小为16。在第一阶段，检测流进行了30万次迭代，初始学习率设置为0.005，动量设置为0.9，学习率衰减权重为0.0001，学习率从第18万次迭代开始衰减，在第24万次迭代时衰减至初始学习率的10%。同时，训练判别流，判别流在数据集上进行15万次迭代，将判别流初始学习率设置为0.001。训练第一阶段使用0.0005的权重衰减并将动量设置为0.99，判别流在第10万次迭代开始权重衰减。在第二阶段，检测流加入损失平衡因子后在与判别流相同的训练数据上迭代3万次，学习速率设置为0.005且不设置权重衰减。

在测试阶段，输入图片批处理大小设置为1，建议区域的数量设置为1000。T_1设为0.8，T_2设为0.5，T_3设为2000。

3.4.3 结果与分析

1. 基于ICDAR 2015数据集

ICDAR 2015（IC15）数据集包含1500张图片，其中1000张用于训练，其余用于测试。文本区域由四边形的4个顶点标注。这些样本图片是在不同环境中拍摄的，因此，此数据集包含大量自然场景，并且某些样本存在由运动模糊和照明引起的噪声，样本也包含长宽比不同的各类文本。该数据集忽略长度小于3个字符的文本区域。

为了证明TSFnet的有效性，这里对比了其他算法的测试结果。部分对比图如图3.4所示。在ICDAR 2015上的测试结果如表3.1所示，检测流单独运行的时候，结果与基于回归思想的两阶段检测模型接近，且表现出高准确率、低召回率的特点，表明模型检测的结果集中在一些简单样本上。判别流单独运行时，准确率和召回率都偏低，原因是基于分割的模型对边界处理比较粗糙，模型对于目标尺寸变化表现得稳定不。在检测流加入损失平衡因子后，检测流的召回率得到大幅提升。召回率上升说明模型更加关注之前未检测到的困难样本，解决了因为数据不平衡造成的偏向性问题。但同时准确率下跌，结合检测流的结构和训练函数的特性分析，加入损失平衡因子后，对假阴性结果惩罚较大。RPN部分为了降低整体的损失值，将一些置信度不高的候选区域也归类为目标区域导致假阳性检测结果增加，因此准确率下降。TSFnet引入融合流过滤了部分检测流的*FP*结果，准确率和F测度值得到一定的提升。

表3.1　在ICDAR 2015上的测试结果

方案	准确率	召回率	F测度值
Seglink	73.1%	76.8%	75.0%
EAST	83.5%	73.4%	78.2%
RRD	85.6%	79.0%	82.2%
SSTD	80.0%	73.0%	77.0%
FSTN	88.6%	80.0%	84.1%
TextSnake	84.9%	80.4%	82.6%
PixelLink	82.9%	81.7%	82.3%
MaskSpotter	85.8%	81.2%	83.4%
SLPN	85.5%	83.6%	84.5%
Boundary	85.2%	83.5%	84.3%
RefineScale-RPN	81.0%	85.0%	83.0%
IOS-Net	89.2%	83.2%	86.1%
检测流	88.8%	72.7%	79.8%
判别流	71.6%	65.2%	68.4%
检测流 + λ	82.4%	88.1%	85.1%
TSFnet	90.0%	72.7%	80.4%
TSFnet + λ	88.2%	87.4%	87.8%

在TSFnet加入损失平衡因子后，TSFnet性能达到最佳：损失平衡因子使检测流关注困难样本，召回率得到提升；同时融合流过滤掉低置信度预测结果和可能存在重复预测的输出结果，使准确率和召回率都保持较高的水准。对比同样关注尺寸问题和困难样本挖掘思路的两阶段方法RefineScale-RPN和关注尺寸稳定性的IOS-Net，TSFnet在准确率和召回率上均占有优势。

部分具有挑战性的目标测试结果如图3.5所示。可以看出，即使文本的纹路不太清晰，文本存在投影或翻转等情况，或者文本是艺术字，TSFnet依然拥有较好的检测结果。

图3.5　在ICDAR 2015上的部分测试结果展示

2. 基于ICDAR 2017-MLT数据集

ICDAR 2017-MLT（IC17-MLT）是一个大规模的多语言文本

数据集，包括7200张训练图片、1800张验证图片和9000张测试图片。它包括9种不同语言的场景文本，并且包含更多的自然场景，例如道路、森林等，并且在训练图片和测试图片中，文本区域所占比例也有所不同。

在ICDAR 2017-MLT上的测试结果与在ICDAR 2015上有类似的情况，由于ICDAR 2017数据集构成较为复杂且模型涉及的场景较多，因此各项测试指标相对ICDAR 2015均出现下降。虽然该数据集的训练数据增加了，但从表3.2的测试结果看，传统模型的偏向性问题依然没有得到很好的解决，传统模型依然出现准确率高、召回率低的现象，导致模型的F测度值偏低。加入损失平衡因子后，以牺牲一定的准确率为代价，召回率和F测度值得到大幅提升。在实际应用中，通常需要模型尽可能多检测不同的文本，所以降低一定的准确率以提升召回率和F测度值是值得的。

表3.2　ICDAR2017-MLT测试结果

方案	准确率	召回率	F测度值
TextSnake	28.99%	16.85%	21.31%
Mask RCNN	**80.80%**	55.82%	66.02%
DMPnet	80.28%	54.54%	64.96%
RRPN	71.17%	55.50%	62.37%
MaskSpotter	74.27%	57.24%	64.65%
检测流	73.62%	55.91%	63.62%
判别流	64.79%	48.04%	55.17%
检测流+λ	58.81%	**72.77%**	65.05%
TSFnet	76.32%	55.91%	64.93%
TSFnet+λ	68.56%	68.60%	**68.57%**

部分测试结果如图3.6所示。结果说明TSFnet对除英文之外的文字也有较好的检测效果，且在复杂自然环境下仍能有较好的表现，在文本分布较密集的情况下也能正确定位每一个文本区域的位置，具有一定的实用价值。

图3.6　在ICDAR 2017-MLT上的部分测试结果展示

3.5 小结

本章提出一个新的模型——TSFnet用于场景文本检测。该模型用于解决训练数据分布不均衡和目标尺寸变换引起的算法稳定性的问题。该模型引入了新的框架、新的能量函数，引入损失平衡因子并提出新的融合算法解决问题。实验结果表明，TSFnet的效果达到了预期，且该模型在复杂的自然条件下也有较强的稳定性，该框架的性能可与最新算法媲美。未来，基于该框架可开展的研究工作如下：

① 通过两个分支共享骨干网络，以提升模型的运算速度并减少模型占用的空间；

② 在训练过程中，检测流和判别流可互相监督训练。

第4章 结合区域建议网络与注意力网络的 Mnet 模型

结合区域建议网络与注意力网络的 Mnet 模型

4.1 问题形成

虽然TSFnet取得了较好的检测结果，但依然存在以下问题：整个模型由两个分支组成，占用空间较大，运行速度较慢，模型训练过程比较烦琐。为了在保证检测精度的同时加快模型的运行速度，本章提出了轻量化的文本检测模型——Mnet。

4.2 Mnet 模型介绍

相关领域近年来的研究在3.2节已有详细介绍，这里不再讲述，而直接介绍Mnet。

Mnet有以下创新点：第一，设计了一种新的区域建议网络，用于解决多尺寸文本的检测问题；第二，提出了一个新的注意力网络，用于模型检测复杂场景中的文本区域；第三，利用多个分支网络进行文本检测，最终实现了一个新的场景文本检测模型。

Mnet模型由骨干网络、区域建议网络、回归网络、分割网络和注意力网络5个部分组成组成，整体框架如图4.1所示。

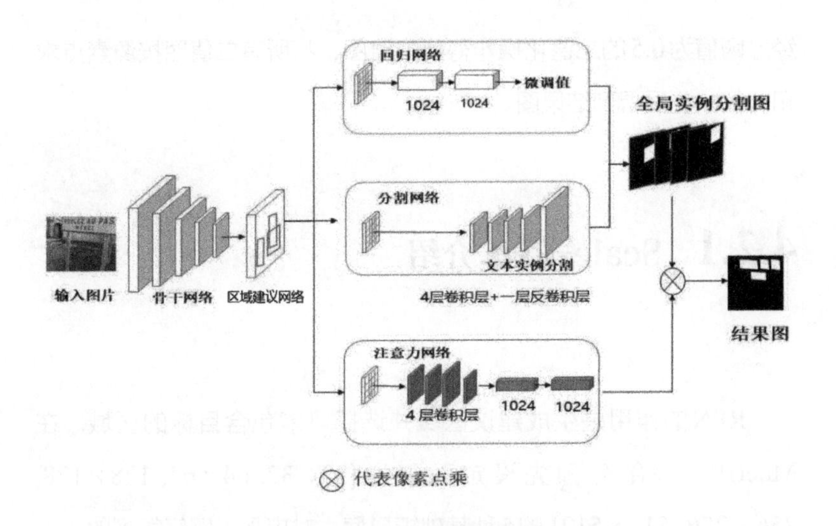

图4.1 Mnet的整体框架

模型的全部流程共分为两个阶段。第一阶段采用ResNet50作为骨干网络的卷积模块，骨干网络依次按1、2、4、8、16的倍数下采样提取5种不同尺寸的特征图，RPN预先设定好一定数量的候选框。之后，RPN根据候选框的信息和骨干网络得到的特征图，选择可能包括目标的候选框。在第二阶段，采用基于全连接映射的回归网络预测文本区域的具体坐标，基于FCN的分割网络用作分割模块，预测所有文本区域的文本实例分割图，同时用注意力网络计算置信度分数。

获得可能存在文本的区域的文本实例分割图和具体坐标后，根据这两项信息，通过插值操作将文本实例分割图映射至全局实例分割图，同时将每个全局实例分割图与其对应的概率分数做数乘，再经过阈值为0.5的二值化操作得到二值图，将所有二值图按像素点求和并归一化后得到结果图。

4.2.1 Scale-RPN 介绍

RPN的作用是生成建议区域并选择可能包含目标的区域。在Mnet中，该部分预先设定面积为{32 × 32, 64 × 64, 128 × 128, 256 × 256, 512 × 512}的5种基础矩形框，对应骨干网络得到的，下采样倍数分别为1、2、4、8、16的5种特征图。对于特征图上的每个像素点，以像素点为中心，有长宽比为{0.5, 1, 2}的基于特征图匹配的基础矩形框生成的3种衍生矩形框，每种矩形框代表一个建议区域。常规的RPN通过3 × 3的卷积核进行滤波，将滤波得到的特征图分别经过两个长宽为3 × 3、通道数分别为6和12的卷积层，得到概率分数和衍生矩形框相对真实矩形框的偏移量，然后执行非极大值抑制（Non-maximum suppression,NMS）。NMS根据概率分数对候选框排序，设定阈值丢弃重叠率超过阈值的候选框，选择概率分数高的候选框，利用偏移量对候选框进行修正。

此类结构的RPN对于常规的目标检测任务有较好的效果，但对于文本目标的检测能力较差。主要原因是，文本类目标多是大长宽比，常规的3 × 3卷积核很难充分提取大长宽比区域的语义和空间信息。为了解决此问题，本章提出了Scale-RPN，一种基于多尺寸卷积核串联技术设计的新型RPN，Scale-RPN的流程如图4.2所示。

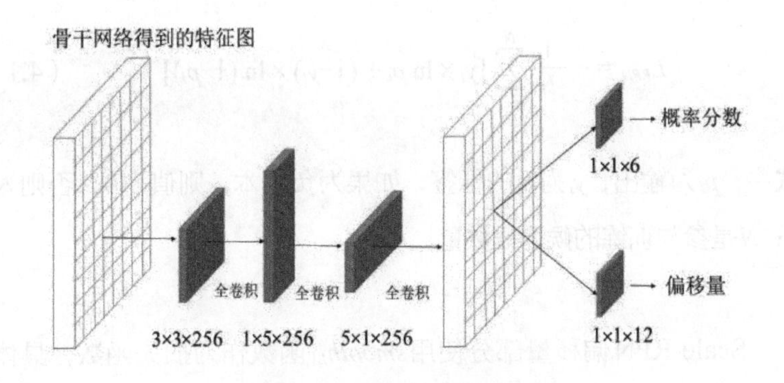

图4.2 Scale-RPN的流程

在特征提取的过程中，使用了3个不同尺寸的卷积核，多尺寸卷积核的优势在于拓宽了模型的感受，增加模型对尺寸的适应性同时大幅度抑制噪声带来的干扰。从图4.1可以看到，骨干网络输出的特征图依次经过3个不同尺寸的滤波卷积核，再经过两个3×3全卷积层得到偏移量和概率分数。3个滤波卷积核参数分别为3×3×256、1×5×256、5×1×256，两个全卷积层参数分别为1×1×6、1×1×12。

获得具体的建议区域后，在建议区域对应的特征图上执行ROI Align。ROI Align操作预先设定好采样得到的特征点数量，然后按比例在RPN输出的建议区域内采样，采样得到的特征点的像素值通过双线性插值法确定。经过此过程后得到特征图。在此模型中，ROI Align得到的特征图维度为16×32×256。

Scale-RPN概率分数部分的损失函数是二进制交叉熵损失，如公式（4.1）所示：

$$L_{RPN} = -\frac{1}{N}\sum_{i=1}^{N}[y_i \times \ln p_i + (1-y_i) \times \ln(1-p_i)] \quad (4.1)$$

式中：p_i为输出，y_i为p_i的标签。如果为负样本，则值为0，否则为1；N是参与训练的候选框数量。

Scale-RPN偏移量部分使用$smooth_{L1}$函数作为损失函数，具体见公式（4.2）。

4.2.2 回归网络

回归网络由两个全连接层组成。该部分的输入为RPN输出的特征图。经过两次1024维度的全连接层的线性映射后，得到候选框相对真实框的偏移量，利用该偏移量再次修正候选区域并得到目标区域的外接四边形。最后该部分输出目标区域外接四边形边框相对原始图片的坐标。

对于候选框的偏移量使用$smooth_{L1}$函数作为损失函数，如公式（4.2）所示。式中x为模型预测值与真实值之差。

$$smooth_{L1(x)} = \begin{cases} 0.5x^2 & \text{if } |x|<1 \\ |x|-0.5 & \text{otherwise} \end{cases} \quad (4.2)$$

4.2.3 分割网络

分割网络由3个3×3卷积层和一个反卷积层组成，该部分输入为RPN得到的特征图。经过3个全卷积层和一个倍数为2的上采样功能的反卷积后，再经过阈值为0.5的二值化操作后得到文本实例分割图。该部分损失函数如公式（4.3）。

$$L_{feature} = -\frac{1}{N}\sum_{n=1}^{N}[y_n \times \log(S(g_n)) + (1-y_n) \times \log(1-S(g_n))] \quad (4.3)$$

式中：N为特征图上像素点的数量，g_n是分割网络的输出，y_n是训练标签，S是sigmoid函数。

4.2.4 注意力网络

两阶段检测模型中，第二阶段的语义分割模块需要第一阶段提取的候选区域。传统模型两阶段模型中第二阶段的语义分割模块大部分采用全卷积网络，若第一阶段候选区域提取过程中出现较大误差，会严重影响语义分割模块的输出结果。Mnet中引入了注意力网络，作用在于为第一阶段RPN生成的候选区域进行评分，评分低的视为背景区域，然后删除背景区域，以获得更精确的预测结果。

注意力网络的流程如图4.3所示。注意力网络由3个3×3×256

维度的全卷积层和一个下采样卷积层组成，3个全卷积层的作用是对候选区域内的高维语义信息进行提取，同时起到去噪的作用。之后接一个下采样倍数为2的下采样层，下采样层对语义信息做筛选并起到池化的作用，最后经过两个1024维度的全连接层，全连接层将语义信息映射成具体的概率分数。该部分的输入为RPN得到的n张特征图，输出为n个置信度分数，对应得到的n个全局实例分割图。

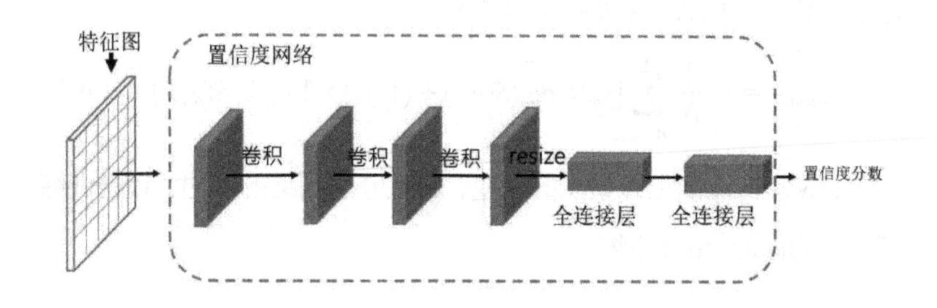

图4.3　注意力网络的流程

该部分Mnet使用L2损失函数，如公式（4.4）所示：

$$L_{attention}=\sum_{i=1}^{n}(y_i-x_i)^2 \tag{4.4}$$

式中，y_i是训练标签，对于正样本的值为1，对于负样本的值为0。n是注意力网络输出的置信度分数的个数，x_i是注意力网络的输出。

设全局实例分割图集合为$C=\{c_1, c_2, \cdots, c_n\}$，注意力网络输出的分数集合为$P=\{p_1, p_2, \cdots, p_n\}$。结果图$F$的计算方法如公式（4.5）所示：

$$F=\sum_{i=1}^{n}(S(c_i)\cdot p_i) \tag{4.5}$$

式中，S为sigmoid函数。F经过阈值为0.5的二值化操作后得到结果图，在结果图中，所有被预测为属于文本区域的像素点的像素值为1，属于背景的像素点像素值为0。

4.3 实验

4.3.1 评价指标

算法的具体评价指标为准确率、召回率和F测度值。三个指标的计算公式依次为公式（4.6）、公式（4.7）、公式（4.8）。公式中的TP、FP和FN分别代表正确分类文本区域的输出结果的数量、被识别为文本区域的背景的数量以及未被检测到的真实文本区域数量。利用检测结果与真实值的交并比（IOU）进行目标检测性能的评估，如果模型输出的结果与任意的真实文本区域的IOU大于0.5，就可以认定该结果属于TP，否则属于FP。没有任何输出结果与其IOU超过0.5的真实文本区域属于FN。FPS指模型每秒能处理的图片数量，用于衡量模型的运行速度。

为了证明Scale-RPN的有效性，本章展示了使用传统RPN的文本检测模型的检测结果。表中Mnet代表此模型使用传统的RPN时的检测结果，Mnet-RPN代表模型使用Scale-RPN的检测结果。

$$P=\frac{TP}{TP+FP} \tag{4.6}$$

$$R=\frac{TP}{TP+FN} \tag{4.7}$$

$$F=2\times\frac{P\times R}{P+R} \tag{4.8}$$

4.3.2 参数设置

模型采用随机梯度下降算法进行训练。在训练过程中，模型的损失函数值为RPN、分割网络、回归网络和注意力网络损失函数值的和，如公式（4.9）所示：

$$L=L_{RPN}+SmoothL_{1(x)}+L_{feature}+L_{attention} \tag{4.9}$$

在训练阶段，RPN和回归网络的批处理大小设置为256，分割网络的批处理大小为16。在训练过程中，Mnet进行了30万次迭代，初始学习率设置为0.005，动量设置为0.9，学习率衰减权重为0.0001，学习率从第18万次迭代开始衰减，在第24万次迭代时衰减至初始学习率的10%。训练过程中所有训练数据均使用数据集给定的训练数据，不添加额外的训练数据。

在测试阶段，输入图片批处理大小设置为1，建议区域的数量设置为1000。实验使用Python 3.6作为编程语言，使用的深度学习框架为Pytorch1.1，模型测试在一块NVIDIA GTX1080Ti显卡上进行。

4.3.3 实验对比与分析

1. 基于ICDAR 2015数据集

基于ICDAR 2015数据集的实验结果见表4.1。在实验过程中，Mnet使用传统RPN运行时准确率为88.5%，召回率为67.9%，F测度值为76.9%。该结果与现有方法比较并不算很优秀，而且召回率相对偏低，说明一些真实文本区域发生了漏检。加入Scale-RPN后，模型的准确率提升了1.5个百分点，召回率提升了5.7个百分点，F测度值提升了4.0个百分点，说明Mnet检测到了之前漏检的真实文本区域。比起传统的文本检测模型，Mnet的准确率更高，达到了90.0%，说明模型对于复杂的背景区分能力更强。

当模型使用Scale-RPN后，模型的性能达到最佳：Scale-RPN负责对多尺寸候选框的筛选，注意力网络过滤分类错误的样本。

表4.1 在ICDAR 2015上的实验结果

方案	准确率	召回率	F值	FPS
AT-detection	59.0%	33.0%	42.0%	–
PSENet-1s	81.4%	79.6%	80.5%	2.24
Seglink	73.1%	76.8%	75.0%	–
EAST	83.5%	73.4%	78.2%	–
Zhang et al.	71.0%	43.0%	54.0%	0.5
SSTD	80.0%	73.0%	77.0%	7.7

续表

方案	准确率	召回率	F值	FPS
Yao et al.	72.3%	58.7%	64.8%	1.6
FCN	80.3%	74.4%	77.3%	
Mnet	88.5%	67.9%	76.9%	–
Mnet-RPN	90.0%	73.6%	80.9%	6.11

为了验证模型的性能，我们选取了部分测试数据进行对比测试，对比测试结果如图4.4所示。

（a）

图4.4　在ICDAR 2015上部分样本对比测试的结果

（b）

图4.4 在ICDAR 2015上部分样本对比测试的结果（续）

第一幅图中的“Roland”尺寸较大，第二幅图中的目标区域长宽比较大。如图4.4所示，（a）是未使用Scale-RPN的检测结果，（b）是使用Scale-RPN后的检测结果。对于第一张图中的“Roland”，未使用Scale-RPN的算法只检测到部分文本区域，第二张图中的大长宽比文本区域只检测到“AM”两个字符，表明原来的方法对大尺寸目标检测效果不好。Mnet-RPN对于大尺寸和大长宽比文本区域都实现了准确检测，表明该模型有较强的检测能力。

2. 基于ICDAR 2013数据集

ICDAR 2013来源于2013年ICDAR会议上的文本检测竞赛，该数据集侧重于水平文本检测和自然场景下的文本区域识别，训练数据和测试数据包含大量大长宽比的文本实例。训练集包含229幅图像，测试集包含233幅测试图像。 此外，数据集对所有文本区域提供了单词级别和字符级别的标注。

在ICDAR 2013上的实验过程中，我们对比了Mnet使用Scale-RPN和普通RPN的测试结果。实验结果见表4.2。

表4.2 在ICDAR 2013上的实验结果

方案	准确率	召回率	F测度值	FPS
AT-detection	82.0%	71.0%	76.0%	-
Zhang et al.	88.0%	74.0%	80.0%	0.5
SSD	80.0%	60.0%	69.0%	6.8
Faster-RCNN	71.0%	75.0%	73.0%	-
FCN	80.8%	69.1%	74.5%	-
Mnet	79.1%	73.2%	76.1%	-
Mnet-RPN	85.2%	**80.0%**	**82.5%**	6.1

在加入Scale-RPN网络前，模型的准确率达到了79.1%，但召回率偏低，只有73.2%。在使用Scale-RPN网络后，模型的准确率上升了6.1个百分点，召回率上升了6.8个百分点，F测度值上升了6.4个百分点，说明使用Scale-RPN之后TP数量增加，实验结果得到了改善。

相比之前的模型，Mnet模型的准确率和召回率并不占优势，但F测度值更高，达到了82.5%。该结果说明Mnet在保证一定的检测性能的同时对于复杂背景有较强的识别能力，且Mnet的运行速度超过以前的方法。在实际应用中，一般以F测度值作为模型评价指标，这也说明Mnet模型有较好的实用价值。

实验结果说明，Mnet在复杂环境下仍能有较好的表现，且对于存在仿射变换的文本也有较好的检测效果，部分测试结果如图4.5所示。

图4.5 在ICDAR 2013上的部分测试结果展示

4.4 小结

本章提出一个新的模型——Mnet用于场景文本的检测。该模型用于解决对于复杂环境下的大尺寸文本或者大长宽比文本的检测问题。该模型引入了新的RPN、新的注意力网络。实验结果表明，Mnet的效果达到了预期，且该模型在复杂的自然条件下也有较强的稳定性，该框架的性能可与最新算法媲美。未来，计划基于该框架通过改进网络结构，减少分支网络的数量以加快模型运算速度，同时通过优化网络设计提升模型的各项指标。

第5章 场景文本检测与识别的应用

伴随着图像采集技术及计算机视觉处理技术的发展，场景文本检测与识别成为了图像处理领域的热点研究问题。信息化、数字化的快速发展，对从海量图像和视频中快速提取有效信息有着迫切的需求，促使文本检测与文本识别技术得到了广泛的应用。

目前，场景文本检测与识别方法主要有两种应用方式：一种是先对图像、视频中的文字进行检测，然后对文字进行识别；一种是基于深度神经网络实现端到端的文字识别。基于这两种应用方式产生了众多的文字识别技术，并广泛地应用到我们日常生活中的方方面面，如卡证文字识别、票据文字识别、汽车场景文字识别、文档文字识别、自然场景文字识别等。

接下来，通过调研现有市场上的主流应用，介绍部分主流产品（百度、腾讯、中安等）的应用。

5.1 卡证文字检测与识别

卡证文字检测与识别是指基于计算机视觉图像处理技术，对身份证、护照、银行卡、营业执照、名片等常用卡片及证件图片上的文本内容进行结构化的识别。该技术可应用于身份认证、用户注册、银行开户、交通出行、政务办理等多种场景，能够大幅提升信息处理的效率。卡证文字识别能够实现图片数据中的文本信息的自动识别与录入，在具体的应用场景中还需要结合其他的如人脸识别等人工智能技术来完成具体的功能。卡证文字识别主要包含证件识别、银行卡识别、营业执照识别、名片识别等4个方面的应用。

5.1.1 证件文字检测与识别

证件文字检测与识别主要是对二代身份证、护照、行驶证、驾驶证等证件上的信息进行识别。如身份证文字识别、护照文字识别主要对身份证图片中的信息进行结构化识别，获得姓名、性别、民族、出生日期、身份证号码等信息，如图5.1所示。行驶证文字识别对行驶证信息页上的号牌号码、车辆类型、所有人、住址、使用性质、品牌型号、印章信息、车辆识别代号、发动机号码、注册日期、发证日期等信息字段进行结构化文字识别，如图5.2所示。

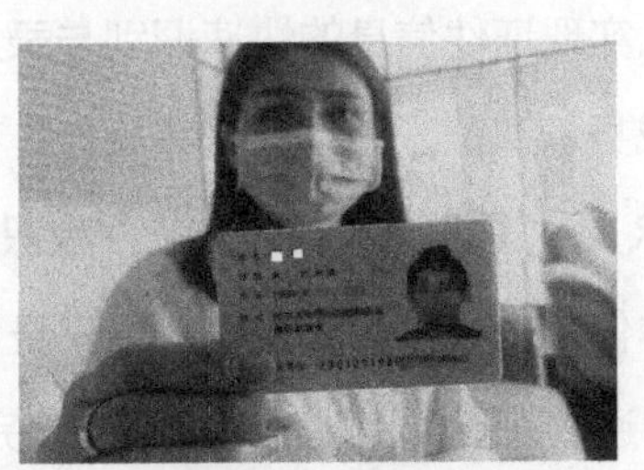

身份证文字识别

对身份证正反面中的姓名、性别、民族、出生日期、住址、身份证号、签发机关、有效期限等字段进行结构化文字识别。

图5.1 身份证、护照文字识别示意

护照文字识别

对护照个人资料页的姓名、性别、出生年月日、出生地点、护照号码、身份证号码、婚姻状况、有效期、发照机关和签章日期等字段进行结构化文字识别。

图5.1　身份证、护照文字识别示意（续）

中华人民共和国机动车行驶证
Vehicle License of the People's Republic of China
号牌号码 Plate No. 粤BB4[illegible]　车辆类型 Vehicle Type 小型轿车
所有人 Owner [illegible]
住址 Address 深圳市南山区高新科技园[illegible]
使用性质 Use Character 非营运　品牌型号 Model 东风雪铁龙牌DC7183LYAA
广东省深圳市公安局交通警察支队
车辆识别代号 VIN 123456789[illegible]
发动机号码 Engine No. 8B[illegible]
注册日期 Register Date 2015-04-11　发证日期 Issue Date 2015-04-11

号牌号码：粤BB4[illegible]
车辆类型：小型轿车
所有人：[illegible]
住址：深圳市南山区高新科技园[illegible]
使用性质：非营运
品牌型号：东风雪铁龙牌DC7183LYAA
印章信息：广东省深圳市公安局交通警察支队
车辆识别代号：123456789[illegible]
发动机号码：8B[illegible]
注册日期：2015-04-11
发证日期：2015-04-11

图5.2　行驶证文字识别示意

证件识别可以实现证件信息的快速识别与录入，结合其他人工智能技术则可完成身份认证、信息注册等任务。在远程身份识别的具体应用中，OCR文本识别技术则结合了人脸识别技术，首先实现通过对身份证文本信息的检测和识别完成用户身份证件信息的自动识别和录入，然后通过人脸识别技术进行核验，完成用户身份验证。身份认证应用于金融保险、社保、电商、O2O、汽车等行业，有效降低用户输入成本，控制业务风险。

使用行驶证、驾驶证和身份证识别技术，实现对用户身份信息、驾驶证信息和车辆信息的结构化识别和录入，可应用于共享汽车用户注册、网约车司机身份审查等场景，有效提升信息录入效率，降低用户输入成本，提升用户使用体验。将其用于交通管理部分业务的开展，如违规违章处罚、驾驶证换证等业务，能有效提升业务处理速度，提高人民群众的满意度。

证件文字识别具有广泛的应用场景和迫切的应用需求，目前市场上已经有证件采集仪、护照阅读器、门禁考勤机、人行通道闸机、人证一体扫描仪、移动端证件识别SDK等应用产品。

5.1.2 银行卡文字检测与识别

银行卡文字检测与识别主要对银行卡的卡号、有效期、银行名称、银行卡类型等4个关键字段进行结构化识别，综合应用银行卡识别和身份证识别技术，结构化识别录入客户的账户信息和身份信息，可应用于金融场景中的用户实名认证，有效降低用户的输入时间成本，提升用户体验，效果如图5.3所示。

图5.3 银行卡文字识别示意

5.1.3 名片文字检测与识别

名片文字检测与识别主要对名片上的姓名、公司、部门、职位、邮编、邮箱、电话、网址、地址、手机号码等信息字段进行结构化的文本内容识别，使用名片识别技术，实现对用户名片关键信息的结构化识别和录入，可应用于线下会议、论坛、商务交流等场景，满足用户快速录入名片关键信息的需求，有效降低用户的输入成本，提升用户体验，效果如图5.4所示。

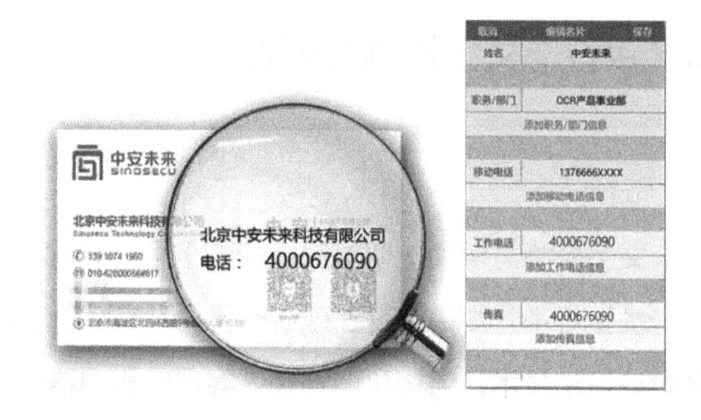

图5.4 名片文字识别示意

5.1.4 营业执照文字检测与识别

营业执照文字检测与识别主要识别营业执照图片中的注册号、

统一社会信用代码、单位名称、法人、地址、有效期等字段进行结构化识别，用于需要代替人工提取营业执照信息的领域，准确识别营业执照的关键字段，快速核验企业资质，完成企业信息的快速录入，提升信息化管理水平，有效节约人力成本和时间成本。效果如图5.5所示。

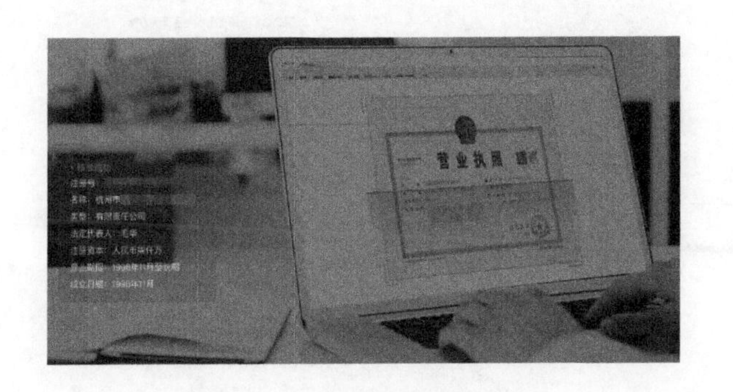

图5.5 营业执照文字识别示意

5.2 票据文字检测与识别

票据文字检测与识别主要对增值税发票、定额发票、通用机打发票、火车票、汽车票、飞机行程单、出租车票、住宿发票、银行回单、银行支票、彩票等各类票据进行结构化识别，主要用于企事业单位财务管理和汽车、银行、金融等领域。鉴于票据种类繁多，针对不同的票据，可以定制不同的识别要素，对票据的关键信息进行结构化的文字识别。

例如，企事业单位员工进行财务报销的过程中会提供大量的票据，财务部门利用票据文字识别技术可以对增值税发票、火车票、出租车票、行程单、住宿费发票等各类混贴发票的图片进行切分识别，可以极大地减少工作量，提高准确率和工作效率。识别效果如图5.6所示。

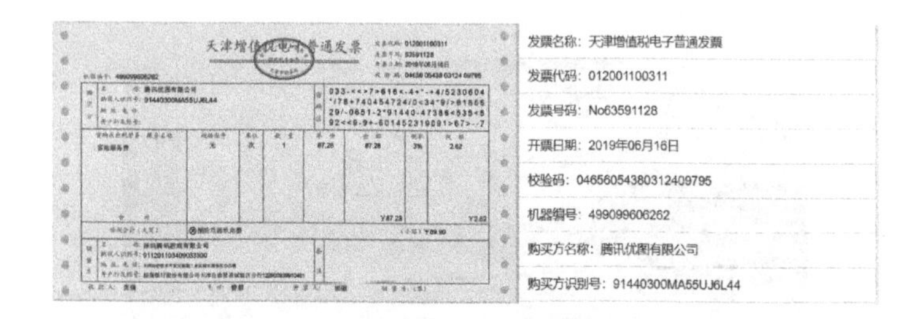

图5.6　票据文字识别示意

5.3 汽车场景文字检测与识别

汽车场景文字识别主要指在汽车购买、使用及服务的过程中对涉及的卡证、票据等与汽车相关的各类图片数据进行结构化的文字识别。主要涉及对驾驶证、行驶证、车牌、车辆VIN码等信息的识别，以及对机动车销售发票和车辆合格证的识别。该应用覆盖了汽车购买、使用和服务的全部场景，可以实现汽车销售和使用服务的智能化管控，提升工作人员工作效率。在卡证识别和票据识别部分已经简要介绍了行驶证、发票等票证的文字识别，这里不再赘述。下面简单介绍车牌的检测与识别、汽车VIN码的检测与识别。

5.3.1 车牌检测与识别

车牌检测与识别指识别车牌号码、车牌颜色、车牌类型、车标、车身颜色等信息，目前的车牌识别技术支持普通蓝牌、黄牌、军牌、武警牌、警牌、农用车牌、大使馆车牌等各种常见规格的汽车号牌的识别。目前车牌识别已广泛应用于车主身份认证、ETC出行、违章识别、停车管理等多种场景，大幅提升了信息处理效率。效果如图5.7所示。

图5.7 车牌识别示意

市场上存在大量的基于车牌识别的应用产品，目前有PC端车牌识别SDK、移动端车牌识别SDK、车牌识别抓拍相机、DSP嵌入式车牌识别、车型识别、车位检测等产品应用了此项技术。

5.3.2 汽车VIN码检测与识别

汽车VIN码检测与识别是对汽车的车辆识别号码的识别，一般指对汽车车架号的识别，用于汽车管理、汽车服务、二手车交易、汽车租赁等领域。效果如图5.8所示。

图5.8 汽车VIN码识别示意

5.4 文档文字检测与识别

文档文字检测与识别主要指对文档文字的识别，一般用于图书馆、报社、保险公司等针对图书、报纸、杂志、保险单、医疗单据等纸质文档的文本识别和结构化输出。例如，使用保险单识别技术，实现对各类保险保单中的投保人、被保人、受益人信息及保险种类、保额等信息进行识别和录入，可应用于保单归档、登记、个人保单信息管理等场景，能够有效减少人工录入的工作量，提升录入效率及用户体验。又例如，使用病历首页结算单识别技术，实现对病分首页中的就诊信息及个人信息的识别，结合医疗发票识别、费用结算单识别技术，可应用于保险公司理赔审核场景，帮助保险公司快速确认被保人信息、可赔付款项及金额，能够有效降低人工审核成本，提升审核效率，实现保险理赔智能化。效果如图5.9所示。

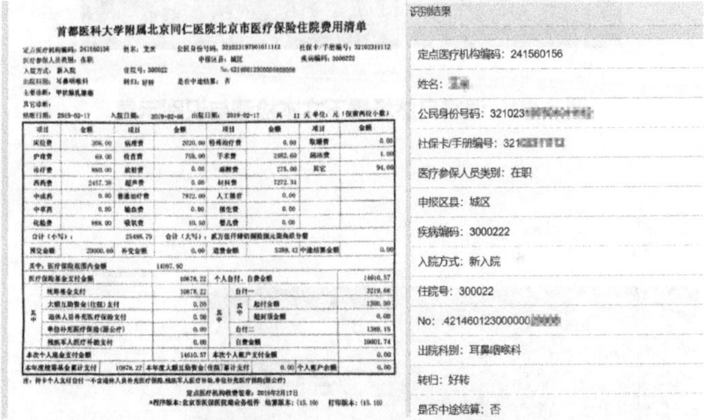

图5.9　文档文字码识别示意

5.5 自然场景下文字检测与识别

自然场景文字检测与识别指对拍摄的自然场景图像或视频中的文本信息进行检测识别。伴随着互联网技术的发展和具有拍照功能的移动终端的普及，互联网上产生了大量的图像和视频数据，这些数据中包含了大量的文本图像信息，自动检测和识别图像或视频中的文字信息具有广阔的应用场景。识别效果如图5.10和图5.11所示。

图5.10　道路自然场景下文本检测与识别示意

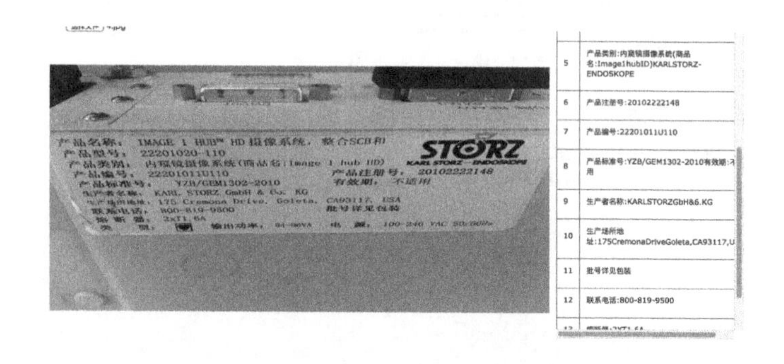

图5.11　日常自然场景下文本检测与识别示意

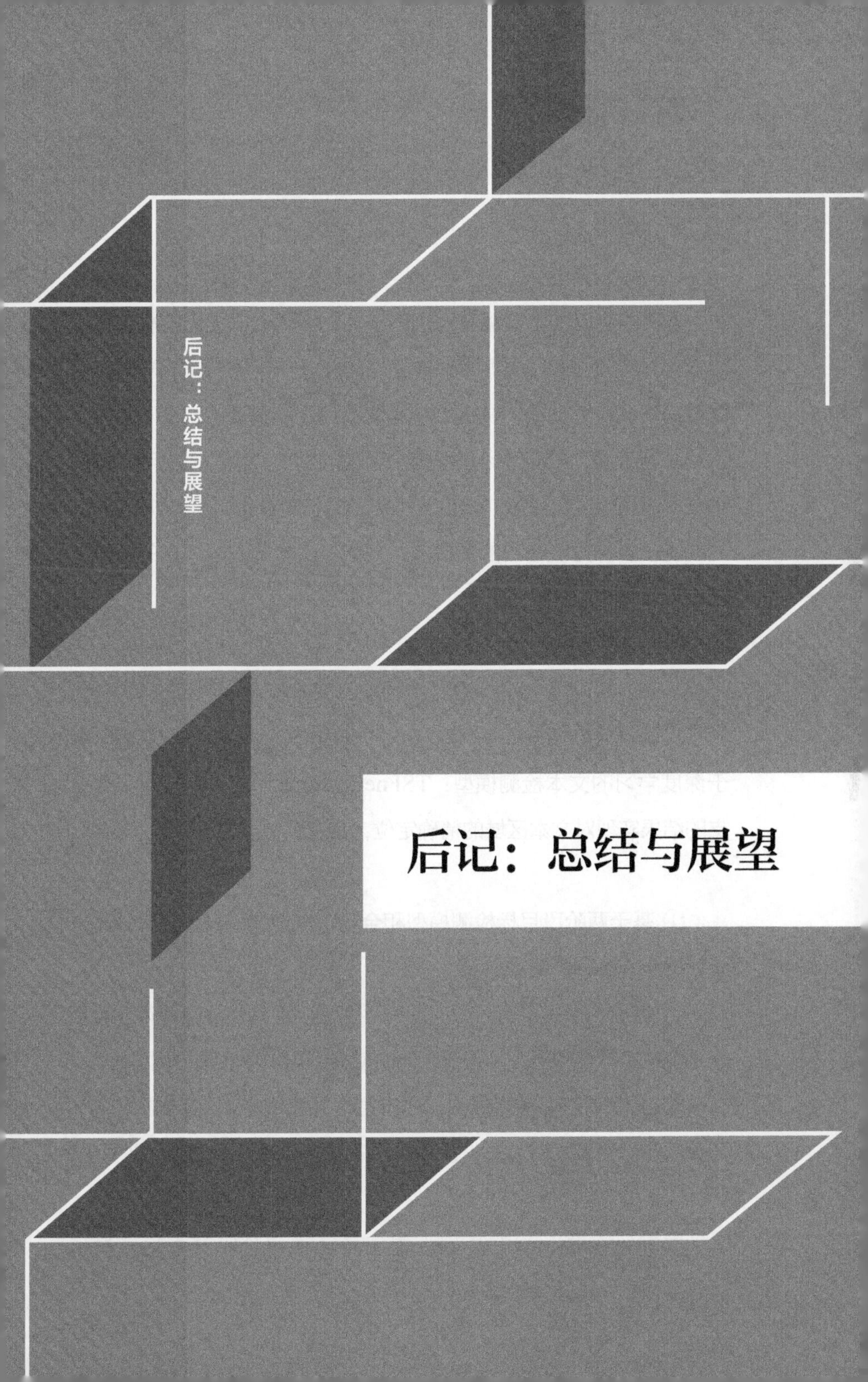

后记：总结与展望

一、总结

本书内容以文本检测与识别的发展为线索，以提出的相关算法为核心，经过了精心构思和组织。首先，介绍了相关的研究领域，简要描述了研究动机，说明文本检测和识别的重要性，以及提取文本信息的步骤，总结了场景图像中呈现的文本类型，还说明了图像中文本的属性以及应用。然后，总结了用于文本检测与识别的方法，并说明了多种方法各自的优缺点，介绍了文本检测与识别的评价体系以及现有的标准数据集。

本书内容的核心是针对自然场景下文本检测的问题进行研究。为了实现对自然场景下多尺寸文本的精确定位，本书提出了两种基于深度学习的文本检测模型：TSFnet和Mnet。TSFnet通过融合分支的结果实现对文本区域的精确定位，其主要特点如下。

① 基于两阶段目标检测模型和全卷积深度学习模型，设计了一个新的文本检测模型。

② 提出了损失平衡因子，损失平衡因子由判别流计算得到，用于平衡正负样本的损失函数值，同时使模型更加关注难检测样本。

③ 提出了一个融合算法，作用是合并检测流和判别流的输出。此算法删除检测流误检的背景区域，并保留检测流分类正确的区域。

本书还在TSFnet的基础上提出了一种两阶段文本检测模型

Mnet。Mnet基于传统的两阶段深度学习目标检测模型设计，其主要创新点如下。

① 利用多尺寸卷积技术设计了新的区域建议网络。

② 设计了新的置信度网络用于筛选候选区域。

实验表明，Mnet对多尺寸目标具有较强的鲁棒性，且具有一定的抗噪能力。

最后，本书从应用的角度出发简单描述了一些应用场景，说明本领域研究的重要性。

二、展望

未来，我们将对现有模型进行以下优化。

① 通过两个分支共享骨干网络来提升模型的速度并减少模型占用的空间。

② 在训练过程中，让检测流和判别流可互相监督。

③ 继续改进模型的区域建议网络，结合最新的研究成果，使其能够实现对任意形状目标的检测。

200年前，第一个已知的字符识别系统就已经被开发出来，用于帮助视力受损的人。而在过去的60年中，无论是让计算机可以“阅读”，还是为盲人提供有限的视力，进步都是令人瞩目的。机器学习的出现对文本检测与识别产生了积极影响，希望有更多更好的算法与模型不断出现，更广泛的技术联合与应用水平在未来60年能得到巨大的发展。

参考文献

[1] Lam, O. Dayoub, F., Schulz, R., Corke, P., (2014) 'Text recognition approaches for indoor robotics : a comparison', 2014 *Australasian Conference on Robotics and Automation*, (December), pp. 2–4.

[2] Weinman, J. J. Butler, Z., Knoll, D., Feild, J., (2014) 'Toward integrated scene text reading', IEEE transactions on pattern analysis and machine intelligence. IEEE, 36(2), pp. 375–387.

[3] Wang, X. Song, Y., Zhang, Y., Xin, J., (2015) 'Natural scene text detection with multi-layer segmentation and higher order conditional random field based analysis', Pattern Recognition Letters. Elsevier, 60, pp. 41–47. doi: 10.1016/j.patrec.2015.04.005.

[4] Zhu, Y., Yao, C. and Bai, X. (2016) 'Scene text detection and recognition: Recent advances and future trends', Frontiers of Computer Science. Springer, 10(1), pp. 19–36.

[5] Ye, Q. and Doermann, D. (2015) 'Text detection and recognition in imagery: A survey', IEEE transactions on pattern analysis and machine intelligence. IEEE, 37(7), pp. 1480–1500.

[6] Wang, K. and Belongie, S. (2012) 'Word Spotting in the Wild.pdf', 11th European Conference on Computer Vision, pp. 591–604.

[7] Bissacco, A. Cummins, M., Netzer, Y., Neven, H., (2013) 'PhotoOCR: Reading text in uncontrolled conditions', in Proceedings of the IEEE International Conference on Computer Vision, pp. 785–792. doi: 10.1109/ICCV.2013.102.

[8] Yao, C., Zhang, X., Bai, X., Liu, W., Ma, Y., Tu, Z.,(2013) 'Rotation-invariant features for multi-oriented text detection in natural images', PloS one. Public Library of Science, 8(8), p.e70173. doi: 10.1371/journal.pone.0070173.

[9] Yao, C. Bai, X., Shi, B., Liu, W., (2014) 'Strokelets: A learned multi-scale representation for scene text recognition', in Proceedings of the

IEEE Conference on Computer Vision and Pattern Recognition, pp. 4042–4049. doi: 10.1109/CVPR.2014.515.

[10] Seeri, S. V, Pujari, J. D. and Hiremath, P. S. (2015) 'Multilingual text localization in natural scene images using wavelet based edge features and fuzzy classification', International Journal of Emerging Trends & Technology in Computer Science (IJETTCS), 4(1), pp. 210–218.

[11] Kim, H.-K. (1996) 'Efficient Automatic Text Location Method and Content-Based Indexing and Structuring of Video Database.pdf', Journal of Visual Communication and Image Representation, 7(4), pp. 336–344. doi: 10.1006/jvci.1996.0029.

[12] Zhong, Y. and Jain, A. K. (2000) 'Object localization using color, texture and shape', Pattern Recognition, 33(4), pp. 671–684. doi: 10.1016/S0031-3203(99)00079-5.

[13] Ye, Q. and Doermann, D. (2015) 'Text detection and recognition in imagery: A survey', IEEE transactions on pattern analysis and machine intelligence. IEEE, 37(7), pp. 1480–1500.

[14] Zhang, H. Zhao, K., Song, Y., Guo, J., (2013) 'Text extraction from natural scene image: A survey', Neurocomputing. Elsevier, 122, pp. 310–323. doi: 10.1016/j.neucom.2013.05.037.

[15] Zhu, S. (2015) 'An End-to-End License Plate Localization and Recognition System An End to-End License Plate Localization and Recognition System'.

[16] Zhu, Y., Yao, C. and Bai, X. (2016) 'Scene text detection and recognition: Recent advances and future trends', Frontiers of Computer Science. Springer, 10(1), pp. 19–36.

[17] Chen, X. and Yuille, A. L. (2004) 'Detecting and Reading Text in Natural Scenes', in IEEE Computer Society Conference on Computer Vision and Pattern Recognition (CVPR'04), pp. 366–373.

[18] Mosleh, A., Bouguila, N. and Hamza, a Ben (2012) 'Image Text Detection Using a Bandlet-Based Edge Detector and Stroke Width

Transform', Proceedings of the British Machine Vision Conference 2013, pp. 1–12. doi: 10.5244/C.26.63.

[19] Lucas, S. M., Panaretos, A., Sosa, L., Tang, A., Wong, S., and Young, R. ICDAR 2003 robust reading competitions. In Proc. Intl. Conf. on Document Analysis and Recognition (2003), vol. 2, pp. 682–687.

[20] Lucas, Simon M. Text locating competition results. In Proc. Intl. Conf. on Document Analysis and Recognition (2005), pp. 80–85.

[21] Lucas, Simon. M., Patoulas, Gregory, and Downton, Andy C. Fast lexiconbased word recognition in noisy index card images. In Proc. Intl. Conf. on Document Analysis and Recognition (2003), vol. 1, pp. 462–466.

[22] D. Karatzas. "ICDAR 2013 Robust Reading Competition" . In: ICDAR (2013).

[23] Xinyu Zhou, Shuchang Zhou, Cong Yao, Zhimin Cao, and Qi Yin. ICDAR 2015 Text Reading in the Wild Competition. 2015. arXiv: 1506.03184 [cs.CV].

[24] Wang, T., D. J Wu, A. Coates, and A. Y. Ng (2012). "End-to-end text recognition with convolutional neural networks". In: ICPR. IEEE, pp. 3304-3308.

[25] Mishra, A., K. Alahari, C. Jawahar, et al. (2012). "Scene text recognition using higher order language priors". In: BMVC 2012-23rd British Machine Vision Conference.

[26] Mishra, A., K. Alahari, and C. Jawahar (2013). "Image Retrieval using Textual Cues". In: Computer Vision (ICCV), 2013 IEEE International Conference on.IEEE, pp. 3040-3047.

[27] Lee, D. C., Q. Ke, and M. Isard (2010). "Partition Min-Hash for Partial Duplicate Image Discovery". In: Proceedings of the European Conference on Computer Vision.

[28] Yuan T L, Zhe Z, Xu K, et al. Chinese Text in the Wild[J]. 2018. arXiv: 1803.00085[cs.CV].

[29] Shi B, Yao C, Liao M, et al. ICDAR2017 Competition on Reading

Chinese Text in the Wild (RCTW-17)[C]// 2017 14th IAPR International Conference on Document Analysis and Recognition (ICDAR). IEEE, 2017.

[30] Ch'Ng C K , Chan C S . Total-Text: A Comprehensive Dataset for Scene Text Detection and Recognition[C]// 2017 14th IAPR International Conference on Document Analysis and Recognition (ICDAR). IEEE, 2018.

[31] Smith R, Gu C, Lee D S, et al. End-to-End Interpretation of the French Street Name Signs Dataset[J]. European Conference on Computer Vision, 2016.

[32] Veit A, Matera T, Neumann L, et al. COCO-Text: Dataset and Benchmark for Text Detection and Recognition in Natural Images. 2016. arXiv: 1601.07140 [cs.CV].

[33] Gupta A, Vedaldi A, Zisserman A . Synthetic Data for Text Localisation in Natural Images[C]// IEEE Conference on Computer Vision & Pattern Recognition. IEEE, 2016.

[34] Pan, Y., Hou, X. and Liu, C. A Robust System to Detect and Localize Texts in Natural Scene Images[C]//The Eighth IAPR Workshop on Document Analysis Systems, pp. 35–42. doi: 10.1109/DAS.2008.42.

[35] Lee, J.-J. Lee, P., Lee, S.,Yuille, A., Koch, C. Adaboost for text detection in natural scene[C]//The International Conference on Document Analysis and Recognition (ICDAR), pp. 429–434.

[36] Yi, C. and Tian, Y. Text string detection from natural scenes by structure-based partition and grouping[J]. IEEE Transactions on Image Processing. IEEE, 20(9), pp. 2594–2605.

[37] Zhu, Y., Yao, C. and Bai, X. Scene text detection and recognition: Recent advances and future trends[J]. Frontiers of Computer Science. Springer, 10(1), pp. 19–36.

[38] Huang, R., Shivakumara, P. and Uchida, S. Scene character detection by an edge-ray filter[C]//The 12th International Conference on Document Analysis and Recognition (ICDAR), 2013 , pp. 462–466.

doi: 10.1109/ICDAR.2013.99.

[39] Epshtein, B., Ofek, E. and Wexler, Y. Detecting text in natural scenes with stroke width transform[C]//The 2010 IEEE Conference on Computer Vision and Pattern Recognition (CVPR), pp. 2963–2970.

[40] Pan, Y., Hou, X. and Liu, C. A Hybrid Approach to Detect and Localize Texts in Natural Scene Images[J]. IEEE Transactions on Image Processing. IEEE, 20(3), pp. 800–813. doi: 10.1109/tip.2010.2070803.

[41] Chen, H. Tsai, S., Schroth, G., Chen, D., Grzeszczuk, R., Girod, B. Robust text detection in natural images with edge-enhanced maximally stable extremal regions[C]//The Proceedings of the International Conference on Image Processing, ICIP, pp. 2609–2612. doi: 10.1109/ICIP.2011.6116200.

[42] Epshtein, B., Ofek, E. and Wexler, Y. Detecting text in natural scenes with stroke width transform[C]//IEEE Conference on Computer Vision and Pattern Recognition (CVPR), 2010, pp. 2963–2970.

[43] Neumann, L. and Matas, J. A method for text localization and recognition in real-world images[C]//IEEE Conference in Lecture Notes in Computer Science (including subseries Lecture Notes in Artificial Intelligence and Lecture Notes in Bioinformatics), pp. 770–783. doi: 10.1007/978-3-642-19318-7_60.

[44] Wang, K. and Belongie, S. (2012) 'Word Spotting in the Wild.pdf', 11th European Conference on Computer Vision, pp. 591–604.

[45] Ye, Q. and Doermann, D. Text detection and recognition in imagery: A survey [J]. IEEE transactions on pattern analysis and machine intelligence. IEEE, 2015, 37(7), pp. 1480–1500.

[46] Liang, J., Doermann, D. and Li, H. Camera-based analysis of text and documents: a survey[J]. International Journal on Document Analysis and Recognition, 2005, 7, pp. 84–104.

[47] Karatzas, D. and Antonacopoulos, A. (2004) 'Text extraction from web images based on a split-and-merge segmentation method using

colour perception', in Pattern Recognition, 2004. ICPR 2004. Proceedings of the 17th International Conference on, pp. 634–637.

[48] Shivakumara, P., Huang, W. and Tan, C. L. (2008) 'An Efficient Edge based Technique for Text Detection in Video Frames', The Eighth IAPR Workshop on Document Analysis Systems, pp. 307–314. doi: 10.1109/DAS.2008.17.

[49] Park, J. Lee, G., Kim, E., Lim, J.,Kim, S.,Yang, H., Lee, M., Hwang, S., (2010) 'Automatic detection and recognition of Korean text in outdoor signboard images', Pattern Recognition Letters. Elsevier B.V., 31(12), pp. 1728–1739. doi: 10.1016/j.patrec.2010.05.024.

[50] Huang, R., Shivakumara, P. and Uchida, S. (2013) 'Scene character detection by an edge-ray filter', in Document Analysis and Recognition (ICDAR), 2013 12th International Conference on, pp. 462–466. doi: 10.1109/ICDAR.2013.99.

[51] Zhu, Y., Yao, C. and Bai, X. (2016) 'Scene text detection and recognition: Recent advances and future trends', Frontiers of Computer Science. Springer, 10(1), pp. 19–36.

[52] Ye, Q. and Doermann, D. (2015) 'Text detection and recognition in imagery: A survey', IEEE transactions on pattern analysis and machine intelligence. IEEE, 37(7), pp. 1480–1500.

[53] Kim, K. I., Jung, K. and Kim, J. H. (2003) 'Texture-Based Approach for Text Detection in Images Using Support Vector Machines and Continuously Adaptive Mean Shift Algorithm æ', IEEE TRANSACTIONS ON PATTERN ANALYSIS AND MACHINE INTELLIGENCE, 25(12), pp. 1631–1639.

[54] Gupta, N. and Banga, V. K. (2012) 'Localization of Text in Complex Images Using Haar Wavelet Transform', International Journal of Innovative Technology and Exploring Engineering (IJITEE), 1(6), pp. 111–115.

[55] Angadi, S. A. and Kodabagi, M. M. M. (2009) 'A Texture Based Methodology for Text Region Extraction from Low Resolution

Natural Scene Images', International Journal of Image Processing (IJIP), 3(5), pp. 229–245.

[56] Epshtein, B., Ofek, E. and Wexler, Y. (2010) 'Detecting text in natural scenes with stroke width transform', in Computer Vision and Pattern Recognition (CVPR), 2010 IEEE Conference on, pp. 2963–2970.

[57] Epshtein, B., Ofek, E. and Wexler, Y. (2010) 'Detecting text in natural scenes with stroke width transform', in Computer Vision and Pattern Recognition (CVPR), 2010 IEEE Conference on, pp. 2963–2970.

[58] Zhao, Y., Lu, T. and Liao, W. (2011) 'A robust color-independent text detection method from complex videos', Proceedings of the International Conference on Document Analysis and Recognition, ICDAR, pp. 374–378. doi: 10.1109/ICDAR.2011.83.

[59] Bai, B., Yin, F. and Liu, C. L. (2012) 'A fast stroke-based method for text detection in video', Proceedings - 10th IAPR International Workshop on Document Analysis Systems, DAS 2012, pp. 69–73. doi: 10.1109/DAS.2012.3.

[60] Mosleh, A., Bouguila, N. and Hamza, a Ben (2012) 'Image Text Detection Using a Bandlet-Based Edge Detector and Stroke Width Transform', Proceedings of the British Machine Vision Conference 2013, pp. 1–12. doi: 10.5244/C.26.63.

[61] Matas, J. Chum, O., Urban, M., Pajdla, T., (2004) 'Robust wide-baseline stereo from maximally stable extremal regions', Image and vision computing. Elsevier, 22(10), pp. 761–767.

[62] Sun, L. Huo, Q., Jia, W.,Chen, K., (2014) 'Robust text detection in natural scene images by generalized color-enhanced contrasting extremal region and neural networks', in Pattern Recognition (ICPR), 2014 22nd International Conference on, pp. 2715–2720.

[63] Sun, L. Huo, Q., Jia, W., Chen, K., (2015) 'A robust approach for text detection from natural scene images', Pattern Recognition. Elsevier, 48(9), pp. 2906–2920. doi: 10.1016/j.patcog.2015.04.002.

[64] Neumann, L. and Matas, J. (2013) 'On combining multiple

segmentations in scene text recognition', Proceedings of the International Conference on Document Analysis and Recognition, ICDAR, pp. 523–527. doi: 10.1109/ICDAR.2013.110.

[65] Shi, C., Wang, C., Xiao, B., Zhang, Y. and Gao, S. (2013) 'Scene text detection using graph model built upon maximally stable extremal regions', Pattern Recognition Letters. Elsevier B.V., 34(2), pp. 107–116. doi: 10.1016/j.patrec.2012.09.019.

[66] Yin, X. X.-C., Huang, K. and Hao, H.-W. (2013) 'Robust Text Detection in Natural Scene Images.', IEEE transactions on pattern analysis and machine intelligence, 36(5), pp. 970–983. doi: AE9E97E4-72D3-400F-9AB2-205D825497F4.

[67] Sun, L. Huo, Q., Jia, W., Chen, K., (2015) 'A robust approach for text detection from natural scene images', Pattern Recognition. Elsevier, 48(9), pp. 2906–2920. doi:10.1016/j.patcog.2015.04.002.

[68] Sun, L. Huo, Q., Jia, W., Chen, K., (2015) 'A robust approach for text detection from natural scene images', Pattern Recognition. Elsevier, 48(9), pp. 2906–2920. doi: 10.1016/j.patcog.2015.04.002.

[69] Chen, H. Tsai, S., Schroth, G., Chen, D., Grzeszczuk, R., Girod, B.,(2011) 'Robust text detection in natural images with edge-enhanced maximally stable extremal regions', Proceedings - International Conference on Image Processing, ICIP, pp. 2609–2612. doi: 10.1109/ICIP.2011.6116200.

[70] Shi, C., Wang, C., Xiao, B., Zhang, Y. and Gao, S. (2013) 'Scene text detection using graph model built upon maximally stable extremal regions', Pattern Recognition Letters. Elsevier B.V., 34(2), pp. 107–116. doi: 10.1016/j.patrec.2012.09.019.

[71] Neumann, L. and Matas, J. (2011) 'A method for text localization and recognition in real-world images', in Lecture Notes in Computer Science (including subseries Lecture Notes in Artificial Intelligence and Lecture Notes in Bioinformatics), pp. 770–783. doi: 10.1007/978-3-642-19318-7_60.

[72] Zhu, Y., Yao, C. and Bai, X. (2016) 'Scene text detection and recognition: Recent advances and future trends', Frontiers of Computer Science. Springer, 10(1), pp. 19–36.

[73] Ye, Q. and Doermann, D. (2015) 'Text detection and recognition in imagery: A survey', IEEE transactions on pattern analysis and machine intelligence. IEEE, 37(7), pp. 1480–1500.

[74] Pan, Y., Hou, X. and Liu, C. (2011) 'A Hybrid Approach to Detect and Localize Texts in Natural Scene Images', IEEE Transactions on Image Processing. IEEE, 20(3), pp. 800–813. doi: 10.1109/tip.2010.2070803.

[75] Seeri, S. V, Pujari, J. D. and Hiremath, P. S. (2015) 'Multilingual text localization in natural scene images using wavelet based edge features and fuzzy classification', International Journal of Emerging Trends & Technology in Computer Science (IJETTCS), 4(1), pp. 210–218.

[76] Liu, X., Meng, G. and Pan, C. (2019) 'Scene text detection and recognition with advances in deep learning: a survey', International Journal on Document Analysis and Recognition (IJDAR). Springer Berlin Heidelberg, pp. 1–20. doi: 10.1007/s10032-019-00320-5.

[77] Yao, C. Bai, X., Shi, B., Liu, W., (2014) 'Strokelets: A learned multi-scale representation for scene text recognition', in Proceedings of the IEEE Conference on Computer Vision and Pattern Recognition, pp. 4042–4049. doi: 10.1109/CVPR.2014.515.

[78] Lee, C. Y. Bhardwaj, A., Di, W., Jagadeesh, V., Piramuthu, R., (2014) 'Region-based discriminative feature pooling for scene text recognition', Proceedings of the IEEE Computer Society Conference on Computer Vision and Pattern Recognition, pp. 4050–4057. doi:10.1109/CVPR.2014.516.

[79] Shi, C., Wang, C., Xiao, B., Zhang, Y., Gao, S., et al. (2013) 'Scene text recognition using part-based tree-structured character detection', Proceedings of the IEEE Computer Society Conference on Computer

Vision and Pattern Recognition, pp. 2961–2968. doi: 10.1109/CVPR.2013.381.

[80] Feild, J. L. and Learned-Miller, E. G. (2013) 'Improving open-vocabulary scene text recognition', in Proceedings of the International Conference on Document Analysis and Recognition, ICDAR. IEEE, pp. 604–608. doi: 10.1109/ICDAR.2013.125.

[81] Goel, V. Mishra, A., Alahari, K., Jawahar, C. V., (2013) 'Whole is greater than sum of parts: Recognizing scene text words', Proceedings of the International Conference on Document Analysis and Recognition, ICDAR. IEEE, pp. 398–402. doi: 10.1109/ICDAR.2013.87.

[82] Neumann, L. and Matas, J. (2011) 'A method for text localization and recognition in real-world images', in Lecture Notes in Computer Science (including subseries Lecture Notes in Artificial Intelligence and Lecture Notes in Bioinformatics), pp. 770–783. doi: 10.1007/978-3-642-19318-7_60.

[83] Yao, C., Bai, X. and Liu, W. (2014) 'A Unified Framework for Multioriented Text Detection and Recognition', IEEE TRANSACTIONS ON IMAGE PROCESSING, 23(11), pp. 4737–4749.

[84] Long, S., He, X. and Ya, C. (2018) 'Scene Text Detection and Recognition: The Deep Learning Era', arXiv preprint arXiv:1811.04256.

[85] Liu, X., Meng, G. and Pan, C. (2019) 'Scene text detection and recognition with advances in deep learning: a survey', International Journal on Document Analysis and Recognition (IJDAR). Springer Berlin Heidelberg, pp. 1–20. doi: 10.1007/s10032-019-00320-5.

[86] Huang, W., Qiao, Y. and Tang, X. (2014) 'Robust Scene Text Detection with Convolution Neural Network Induced MSER Trees', Computer Vision – ECCV 2014, 8692, pp. 497–511.

[87] Liao, M. Shi, B., Bai, X., Wang, X., Liu, W.,(2017) 'TextBoxes: A

Fast Text Detector with a Single Deep Neural Network.', in AAAI, pp. 4161–4167.

[88] Liu, Y. and Jin, L. (2017) 'Deep matching prior network: Toward tighter multi-oriented text detection', in Proc. CVPR, pp. 3454–3461.

[89] Zhang, Z. Zhang, C., Shen, W., Yao, C., Liu, W., Bai, X.,(2016) 'Multi-Oriented Text Detection With Fully Convolutional Networks', in The IEEE Conference on Computer Vision and Pattern Recognition (CVPR).

[90] He, D. Yang, X., Liang, C., Zhou, Z., Ororbi, A., Kifer, D., Lee Giles, C., (2017) 'Multi-scale FCN with cascaded instance aware segmentation for arbitrary oriented word spotting in the wild', in Proceedings of the IEEE Conference on Computer Vision and Pattern Recognition, pp. 3519–3528.

[91] Zhang, Z. Zhang, C., Shen, W., Yao, C., Liu, W., Bai, X.,(2016) 'Multi-Oriented Text Detection With Fully Convolutional Networks', in The IEEE Conference on Computer Vision and Pattern Recognition (CVPR).

[92] Long, S. Ruan, J., Zhang, W., He, X., Wu, W., Yao, C., (2018) 'TextSnake: A Flexible Representation for Detecting Text of Arbitrary Shapes', in Lecture Notes in Computer Science, pp. 19–35. doi: 10.1007/978-3-030-01216-8_2.

[93] Shi, B. Wang, X., Lyu, P., Yao, C., Bai, X., (2016) 'Robust scene text recognition with automatic rectification', in Proceedings of the IEEE Conference on Computer Vision and Pattern Recognition, pp. 4168–4176.

[94] Shi, B. Yang, M., Wang, X., Lyu, P., Yao, C., Bai, X., (2018) 'Aster: An attentional scene text recognizer with flexible rectification', IEEE transactions on pattern analysis and machine intelligence. IEEE.

[95] Liu, Z. Li, Y., Ren, F., Goh, W.L., Yu, H., (2018) 'Squeezedtext: A real-time scene text recognition by binary convolutional encoder-decoder network', in Thirty-Second AAAI Conference on Artificial

Intelligence.

[96] Jaderberg, M. Simonyan, K.,Vedaldi, A., Zisserman, A., (2016) ‘Reading text in the wild with convolutional neural networks’, International Journal of Computer Vision. Springer, 116(1), pp. 1–20.

[97] Dollár, P. and Zitnick, C. L. (2015) ‘Fast edge detection using structured forests’, IEEE Transactions on Pattern Analysis and Machine Intelligence, 37(8), pp. 1558–1570. doi: 10.1109/TPAMI.2014.2377715.

[98] Jaderberg, M. Simonyan, K., Vedaldi, A., Zisserman, A., (2014) ‘Synthetic data and artificial neural networks for natural scene text recognition’, arXiv preprint arXiv:1406.2227.

[99] Zhang, Z. Zhang, C., Shen, W., Yao, C., Liu, W., Bai, X.,(2016) ‘Multi-Oriented Text Detection With Fully Convolutional Networks’, in The IEEE Conference on Computer Vision and Pattern Recognition (CVPR).

[100] Liao, M. Shi, B., Bai, X., Wang, X., Liu, W.,(2017) ‘TextBoxes: A Fast Text Detector with a Single Deep Neural Network.’, in AAAI, pp. 4161–4167.

[101] Shi, B., Bai, X. and Yao, C. An end-to-end trainable neural network for image-based sequence recognition and its application to scene text recognition, IEEE transactions on pattern analysis and machine intelligence. IEEE, 2017, 39(11), pp. 2298–2304.

[102] Lyu, P., Liao, M., et al. Mask textspotter: An end-to-end trainable neural network for spotting text with arbitrary shapes’, in Proceedings of the European Conference on Computer Vision , 2018, pp. 67–83.

[103] Hubel, D. H. and T. N. Wiesel (1962). “Receptive fields, binocular interaction and functional architecture in the cat’s visual cortex” . In: The Journal of Physiology 160, pp. 106–154.

[104] Rosenblatt, F. (1958). “The Perceptron: A Probabilistic Model for Information Storage and Organization in the Brain” . In:

Psychological Review 65.6, pp. 386–408.
[105] Fukushima, K. (1988). "Neocognitron: A hierarchical neural network capable of visual pattern recognition" . In: Neural networks 1.2, pp. 119–130.
[106] LeCun, Y., B. Boser, J. S. Denker, D. Henderson, R. E. Howard, W. Hubbard, and L. D. Jackel (1989). "Backpropagation Applied to Handwritten Zip Code Recognition" . In: Neural Computation 1.4, pp. 541–551.
[107] LeCun, Y., L. Bottou, Y. Bengio, and P. Haffner (1998). "Gradient-based learning applied to document recognition" . In: Proceedings of the IEEE 86.11, pp. 2278–2324.
[108] Bengio, Y. (2009). "Learning deep architectures for AI" . In: Foundations and trends R in Machine Learning 2.1, pp. 1–127.
[109] Deng, J., W. Dong, R. Socher, L.-J. Li, K. Li, and L. Fei-Fei (2009). "ImageNet: A Large-Scale Hierarchical Image Database" . In: Proceedings of the IEEE Conference on Computer Vision and Pattern Recognition.
[110] Krizhevsky, A., I. Sutskever, and G. E. Hinton (2012). "ImageNet Classification with Deep Convolutional Neural Networks" . In: Advances in Neural Information Processing Systems, pp. 1106–1114.
[111] Ciresan, D. C., U. Meier, and J. Schmidhuber (2012). "Multi-column deep neural networks for image classification" . In: Proceedings of the IEEE Conference on Computer Vision and Pattern Recognition, pp. 3642–3649.
[112] Hinton, G. E., N. Srivastava, A. Krizhevsky, I. Sutskever, and R. Salakhutdinov (2012). "Improving neural networks by preventing co-adaptation of feature detectors" . In: CoRR abs/1207.0580.
[113] Szegedy, C., W. Liu, Y. Jia, P. Sermanet, S. Reed, D. Anguelov, D. Erhan, V. Vanhoucke, and A. Rabinovich (2014). "Going deeper with convolutions" . In: arXiv preprint arXiv:1409.4842.

[114] Simonyan, K. and A. Zisserman (2015). "Very Deep Convolutional Networks for Large-Scale Image Recognition" . In: ICLR 2015.

[115] He, K., X. Zhang, S. Ren, and J. Sun (2014). "Spatial pyramid pooling in deep convolutional networks for visual recognition" . In: Computer Vision–ECCV 2014. Springer, pp. 346–361.

[116] Sermanet, P., D. Eigen, X. Zhang, M. Mathieu, R. Fergus, and Y. LeCun (2013). "OverFeat: Integrated Recognition, Localization and Detection using Convolutional Networks" . In: arXiv preprint arXiv:1312.6229.

[117] Girshick, R. B., J. Donahue, T. Darrell, and J. Malik (2014). "Rich feature hierarchies for accurate object detection and semantic segmentation" . In: Proceedings of the IEEE Conference on Computer Vision and Pattern Recognition.

[118] Uijlings, J. R., K. E. van de Sande, T. Gevers, and A. W. Smeulders (2013). "Selective search for object recognition" . In: International journal of computer vision 104.2, pp. 154–171.

[119] Farabet, C., C. Couprie, L. Najman, and Y. LeCun (2012). "Scene parsing with multiscale feature learning, purity trees, and optimal covers" . In: arXiv preprint arXiv:1202.2160.

[120] Taigman, Y., M. Yang, M. Ranzato, and L. Wolf (2014). "Deep-Face: Closing the Gap to Human-Level Performance in Face Verification" . In: IEEE CVPR.

[121] Toshev, A. and C. Szegedy (2013). "DeepPose: Human Pose Estimation via Deep Neural Networks" . In: arXiv preprint arXiv:1312.4659.

[122] Pfister, T., K. Simonyan, J. Charles, and A. Zisserman (2014). "Deep Convolutional Neural Networks for Efficient Pose Estimation in Gesture Videos" . In: Asian Conference on Computer Vision (ACCV).

[123] Tompson, J. J., A. Jain, Y. LeCun, and C. Bregler (2014). "Joint training of a convolutional network and a graphical model for

human pose estimation” . In: Advances in Neural Information Processing Systems, pp. 1799–1807.

[124] Simonyan, K. and A. Zisserman (2014). “Two-stream convolutional networks for action recognition in videos” . In: Advances in Neural Information Processing Systems, pp. 568–576.

[125] Shi, B. Yang, M., Wang, X., Lyu, P., Yao, C., Bai, X., (2018) ‘Aster: An attentional scene text recognizer with flexible rectification’, IEEE transactions on pattern analysis and machine intelligence. IEEE.

[126] Liao, M. Shi, B., Bai, X., Wang, X., Liu, W.,(2017) ‘TextBoxes: A Fast Text Detector with a Single Deep Neural Network.’, in AAAI, pp. 4161–4167.

[127] Cheng, Z., Bai, F., Xu, Y., Zheng, G., Pu, S. and Zhou, S., (2017). Focusing attention: Towards accurate text recognition in natural images. In Proceedings of the IEEE international conference on computer vision (pp. 5076-5084).

[128] Bušta, M., Neumann, L. and Matas, J. (2017) ‘Deep textspotter: An end-to-end trainable scene text localization and recognition framework’, in Computer Vision (ICCV), 2017 IEEE International Conference on, pp. 2223–2231.

[129] Y ZHU, M LIAO, M YANG and W LIU. Cascaded Segmentation-Detection Networks for Text-Based Traffic Sign Detection [J]. IEEE Transactions on Intelligent Transportation Systems, 2018, PP(19): 209-219.

[130] 胡仅龙. 场景文本检测与抽取方法及应用[D]. 北京：中国科学院大学, 2014:1.

[131] 王光甫. 基于交互平台的复杂背景图像文字检测及其应用[D]. 成都：电子科技大, 2016:41.

[132] ZHOU X, et al. EAST: An Efficient and Accurate Scene Text Detector [C] // Computer Vision and Pattern Recognition. Honolulu: IEEE, 2017: 2642-2651.

[133] HE P, HUANG W, HE T, ZHU Q, QIAO Y and LI X. Single Shot Text Detector with Regional Attention [C] // International Conference on Computer Vision. Honolulu: IEEE, 2017: 3066-3074.

[134] LIAO M, ZHU Z, SHI B, XIA G and BAI X. Rotation-Sensitive Regression for Oriented Scene Text Detection [C] // IEEE/CVF Conference on Computer Vision and Pattern Recognition. Salt Lake City: IEEE, 2018: 5909-5918.

[135] DAI Y, et al. Fused Text Segmentation Networks for Multi-oriented Scene Text Detection [C] // 24th International Conference on Pattern Recognition (ICPR). Beijing: ICPR, 2018: 3604-3609.

[136] LONG J, SHELHAMER E and DARRELL T. Fully convolutional networks for semantic segmentation [C] // IEEE Conference on Computer Vision and Pattern Recognition. Boston: IEEE, 2015:3431-3440.

[137] SHI B, BAI X and BELONGIE S. Detecting Oriented Text in Natural Images by Linking Segments [C] // IEEE Conference on Computer Vision and Pattern Recognition. Honolulu: IEEE, 2017: 3482-3490.

[138] DENG D, LIU H, LI X, et al. PixelLink: detecting scene text via instance segmentation [C]// Thirty-Second AAAI Conference on Artificial Intelligence. San Francisco: AAAI, 2018: 6773–6780.

[139] LONG S, RUAN J, ZHANG W, HE X, et al. TextSnake: A Flexible Representation for Detecting Text of Arbitrary Shapes [J]. Computer Vision ECCV 2018. Amsterdam: Springer, 2018,11206-11206.

[140] H KAIMING, G GEORGIA, D PIOTR&G ROSS. Mask r-cnn[J]. IEEE Transactions on Pattern Analysis & Machine Intelligence, 2017, PP, 1-1.

[141] S REN, K HE, R GIRSHICK and J SUN. Faster R-CNN: Towards Real-Time Object Detection with Region Proposal Networks [C] // IEEE Transactions on Pattern Analysis and Machine Intelligence.

Honolulu: IEEE, 2017: 1137-1149.

[142] LIAO M, LYU P, HE M, et al. Mask TextSpotter: An End-to-End Trainable Neural Network for Spotting Text with Arbitrary Shapes [J]. IEEE Transactions on Pattern Analysis and Machine Intelligence, 2019, PP(99):1-1.

[143] Zhu Y and Du J. Sliding Line Point Regression for Shape Robust Scene Text Detection [C] // 24th International Conference on Pattern Recognition (ICPR). Beijing: ICPR, 2018: 3735-3740.

[144] Wang H, Lu P, Zhang H, et al. All You Need Is Boundary: Toward Arbitrary-Shaped Text Spotting [C] // Conference on Artificial Intelligence. New York: AAAI, 2020: 5673–5680.

[145] Lin T, Dollár P, Girshick R, He K, Hariharan B and Belongie S. Feature Pyramid Networks for Object Detection [C] // 2017 IEEE Conference on Computer Vision and Pattern Recognition. Honolulu: IEEE, 2017: 936-944.

[146] P Hensman, D Masko. The impact of imbalanced training data for convolutional neural networks [D]. Stockholm: KTH Royal Institute of Technology, 2015.

[147] Szegedy Christian, Ioffe Sergey, Vanhoucke, Vincent and Alemi Alexander. Inception-v4, Inception-ResNet and the Impact of Residual Connections on Learning [C] // AAAI Conference on Artificial Intelligence. Phoenix: AAAI, 2016:4632-4640.

[148] Sudre C.H, Li W, Vercauteren T, Ourselin S, Cardoso M.J. Generalised dice overlap as a deep learning loss function for highly unbalanced segmentations [J]. Deep Learning in Medical Image Analysis and Multimodal Learning for Clinical Decision Support, 2017, PP, 240–248.

[149] Karatzas D, et al. ICDAR 2015 competition on Robust Reading [C] // 13th International Conference on Document Analysis and Recognition (ICDAR). Tunis: IEEE, 2015: 1156-1160.

[150] Nayef N, et al. ICDAR2017 Robust Reading Challenge on Multi-

Lingual Scene Text Detection and Script Identification - RRC-MLT [C] // 2017 14th IAPR International Conference on Document Analysis and Recognition (ICDAR). Kyoto: IEEE, 2017: 1454-1459.

[151] Ilya Sutskever, James Martens, George Dahl, and Geoffrey Hinton. On the importance of initialization and momentum in deep learning [C] // International Conference on Machine Learning. Atlanta: IEEE, 2013:112-118.

[152] Liu Y and Jin L. Deep Matching Prior Network: Toward Tighter Multi-oriented Text Detection [C] // 2017 IEEE Conference on Computer Vision and Pattern Recognition. Honolulu: IEEE, 2017: 3454-3461.

[153] Ma J, et al. Arbitrary-Oriented Scene Text Detection via Rotation Proposals [J]. IEEE Transactions on Multimedia, 2018, PP(11):3111-3122.

[154] 林泓,卢瑶瑶.聚焦难样本的区分尺度的文字检测方法[J].浙江大学学报(工学版), 2019, 53(8): 1506-1516.

[155] CAI Y , WANG W , CHEN Y , et al. IOS-Net: An inside-to-outside supervision network for scale robust text detection in the wild[J]. Pattern Recognition, 2020, 103:107-304.

[156] F. Slimane, et al. ICDAR 2013 Competition on Multi-font and Multi-size Digitally Represented Arabic Text [C]. 2013 12th International Conference on Document Analysis and Recognition. 2013. 1433-1437.

[157] 周典成.基于注意力机制的弱监督目标检测方法的研究[D].中国科学技术大学, 2020.

[158] He P, et al. Single shot text detector with regional attention [C]. International Conference on Computer Vision. 2017. 3066–3074.

[159] Liu W, et al. SSD: Single Shot MultiBox Detector [C]. Computer Vision – ECCV 2016. 2016.21-37.

[160] He P, et al. Single shot text detector with regional attention [C].

International Conference on Computer Vision. 2017. 3066–3074.
[161] Wang W, et al. Shape Robust Text Detection with Progressive Scale Expansion Network [C]. 2019 IEEE/CVF Conference on Computer Vision and Pattern Recognition (CVPR). 2019. 9328-9337.
[162] Zhang Z, et al. Multi-oriented text detection with fully convolutional networks [C]. Computer Vision and Pattern Recognition. 2016. 4159–4167.
[163] Yao C, et al. Scene text detection via holistic, multi-channel prediction [J]. Proc: CoRR, 2016, PP(20): 205-212.
[164] 杨剑锋，王润民，何璇，李秀梅，钱盛友. 基于FCN的多方向自然场景文字检测方法[J]. 计算机工程与应用, 2020, 56(2): 164-170.